高等职业教育茶叶生产与加工技术专业教材

茶叶审评技术

牟 杰 编著

中国轻工业出版社

图书在版编目（CIP）数据

茶叶审评技术 / 牟杰编著. —北京：中国轻工业出版社，2024.8

ISBN 978-7-5184-3650-7

Ⅰ.①茶… Ⅱ.①牟… Ⅲ.①茶叶—食品检验—高等职业教育—教材 Ⅳ.①TS272.7

中国版本图书馆 CIP 数据核字（2021）第 173969 号

责任编辑：贾　磊　　责任终审：唐是雯　　整体设计：锋尚设计
策划编辑：贾　磊　　责任校对：朱燕春　　责任监印：张　可

出版发行：中国轻工业出版社（北京鲁谷东街5号，邮编：100040）

印　　刷：艺堂印刷（天津）有限公司

经　　销：各地新华书店

版　　次：2024年8月第1版第2次印刷

开　　本：787×1092　1/16　印张：12.75

字　　数：270千字

书　　号：ISBN 978-7-5184-3650-7　定价：68.00元

邮购电话：010-85119873

发行电话：010-85119832　010-85119912

网　　址：http://www.chlip.com.cn

Email：club@chlip.com.cn

前　言

茶，发于神农，闻于鲁周公，兴于唐朝，盛在宋代；源自中国，盛行世界，既是全球同享的健康饮品，也是承载历史和文化的"中国名片"。习近平总书记曾殷殷叮嘱，要统筹做好茶文化、茶产业、茶科技这篇大文章。在中华民族五千年文明画卷中，每一卷都飘着幽幽茶香。茶，作为一种商品，对促进社会经济发展起着重要作用，发展茶叶审评行业，是时代发展的需要。

茶叶审评技术也称茶叶评鉴技术或茶叶评审技术，是茶叶生产与加工技术相关专业的重要课程。本教材依托"茶叶审评技术"精品开放课程而建设，秉承强调技能、强调实践、强调应用，以工作过程为导向，以项目任务为载体的特点而开发，围绕茶叶审评基本技能，全书采用项目教学法编写。内容由一条主线、三大模块、七个项目、三十个任务构成，即以新版《评茶员国家职业技能标准》中的初级、中级、高级技能要求和知识要求为主线，以评茶基础、茶叶标准、茶叶感官审评术语、六大基本茶类审评、再加工茶审评、茶叶标准样、评茶计分与劣质茶识别为教学项目。实训类项目包括任务要求、背景知识及分析、实训步骤及实施、实训预案、实训评价、作业、拓展任务，融合理论与实践一体化项目教学过程，通过实训启发学生的动手能力，实现"做中教，做中学"的目的，使学生掌握从事茶叶生产、茶叶营销、茶文化传播等行业所必须具备的专业知识和基本技能，能合理运用所学知识和技能，为提高茶叶品质服务。

本教材采用活页式开发和设计，注重培养学生的任务思维，突出职业引导功能，旨在提高学生的学习效果和应用能力。在使用本教材过程中，指导教师可以根据实际教学需要对教材内容进行灵活重排，学生也可将各学习任务的内容拆下后单独携带。每个学习任务完成后，学生可以单独取下"实训评价"页提交指导教师批改，达到灵活使用、方便携带的目的。本书为贵州省优秀精品课程、贵州省教育厅富民兴黔精品开放课程"茶叶审评技术"的配套教材，除配有教学课件外，学生还可以扫描书中二维码随时随地学习配套本教材录制的几十个微视频课程。

本教材可供高等职业院校茶叶生产与加工技术、茶艺与茶文化专业学生和中等职业院校茶叶生产与加工、茶艺与茶营销专业学生以及评茶员相关培训和茶叶评鉴爱好者使用。

　　本教材由贵州经贸职业技术学院牟杰编著，莫仕锐、奚金翠、马燕、范乔参与了教学视频拍摄和课件制作，杨玲、熊灿、谢光斌、卢玲、黄辉等老师和广大学生提供了丰富的教学资料，同时得到了贵州腾云教育科技有限公司的技术支持，在此表示衷心的感谢。此外，本教材虽然列出了参考文献，但仍难免疏漏。因此，对本教材涉及的专家、学者表示衷心感谢的同时，也深表歉意。

　　由于编写时间仓促，编者知识水平有限，书中难免有不足之处，敬请读者批评指正，以便修订时完善。

目 录

模块一 初级茶叶审评技能要求 ················· 1

项目一 评茶基础 ························· 1
 任务一 认识评茶条件及器具 ············· 1
 任务二 认识评茶用水 ··············· 11
 任务三 审评基本操作 ··············· 15

项目二 茶叶标准 ························ 25
 任务一 茶叶标准的概念与分类 ··········· 25
 任务二 制定茶叶企业标准 ············· 29

模块二 中级茶叶审评技能要求 ··············· 43

项目一 茶叶感官审评术语 ···················· 43
 任务一 茶叶审评通用术语 ············· 44
 任务二 绿茶及绿茶坯花茶审评术语 ········· 51
 任务三 白茶审评术语 ··············· 54
 任务四 黄茶审评术语 ··············· 55
 任务五 乌龙茶审评术语 ············· 55
 任务六 红茶审评术语 ··············· 58
 任务七 黑茶审评术语 ··············· 60
 任务八 紧压茶审评术语 ············· 62
 任务九 茶叶感官审评常用名词和虚词 ········· 63

项目二 六大基本茶类审评 ···················· 65
 任务一 绿茶审评 ················· 66
 任务二 白茶审评 ················· 79
 任务三 黄茶审评 ················· 85
 任务四 乌龙茶审评 ··············· 93
 任务五 红茶审评 ················ 105
 任务六 黑茶、紧压茶审评 ············ 117

模块三　高级茶叶审评技能要求 ·· 125

　　项目一　再加工茶审评 ·· 125
　　　　任务一　花茶审评 ·· 125
　　　　任务二　袋泡茶审评 ·· 132
　　　　任务三　速溶茶审评 ·· 137
　　　　任务四　茶饮料审评 ·· 141
　　项目二　茶叶标准样 ·· 145
　　　　任务一　认识茶叶标准样 ·· 145
　　　　任务二　制作茶叶标准样 ·· 149
　　项目三　评茶计分与劣质茶识别 ·· 154
　　　　任务一　双杯找对审评 ·· 154
　　　　任务二　对样评茶（七档制评茶计分方法） ······························ 157
　　　　任务三　名优茶审评计分方法 ·· 161
　　　　任务四　劣质茶的识别 ·· 171

附录 ·· 185

　　附录一　国家职业技能标准《评茶员》（2019年版）
　　　　（6-02-06-11） ·· 185
　　附录二　评茶员操作技能考核考场准备清单 ·································· 195
　　附录三　国家职业资格鉴定《评茶员》实操试卷茶叶
　　　　感官审评表 ·· 196

参考文献 ·· 197

模块一 初级茶叶审评技能要求

项目一 评茶基础

茶叶感官审评是审评人员运用正常的视觉、嗅觉、味觉、触觉的辨别能力，对茶叶产品的外形、汤色、香气、滋味与叶底等品质因子进行审评，从而达到鉴定茶叶品质的目的。评茶是否正确，除评茶人员应有敏锐的审辨能力和熟练的审评技术外，还必须具有适应评茶需要的良好环境和设备条件，要有一套合理的程序和正确的方法，如评茶对环境的要求、成套的专用设备、评茶取样、用水选择、茶水比例、泡茶水温与时间、评茶步骤等。这些都是评茶基础知识，必须有一个明确的、系统的了解和掌握，主观、客观条件的统一，才能取得评茶的正确结果（专业评茶现场见图1-1）。

图1-1 专业评茶现场

任务一 认识评茶条件及器具

（一）任务要求

了解审评室环境条件；会使用评茶用具：评茶盘、审评杯、审评碗、叶底盘、样茶秤、定时钟、网匙、茶匙、汤杯、吐茶桶、烧水壶。

学习笔记

（扫码观看微课视频）

评茶条件及器具

（二）背景知识及分析

评茶要尽可能排除外界因素的干扰或影响，如不同光线的照射，会对茶叶形状、色泽、汤色的正确判断造成影响。又如评茶用具不齐备、不完善、规格不一致，同样会造成不必要的误差。

1. 审评室的要求

（1）审评室（图1-2） 坐南朝北，北向开窗。面积不得小于15m²。

（2）室内色调 白色或浅灰色，无色彩、无异味干扰。

（3）室内温度 宜保持在15～27℃。

图1-2 茶叶审评室

（4）室内光线 应柔和、自然光、明亮，无阳光直射。自然光线不足时，应有辅助照明，辅助光源光线应均匀、柔和、无投影。

（5）噪声控制 评茶时，保持安静。控制噪声不得超过50dB。

2. 审评室的布置

（1）干评台 用以审评茶叶外形。干评台（图1-3）的高度为80～90cm，宽度为60～75cm，台面为黑色亚光，长度视实际需要而定。

（2）湿评台（图1-4） 用以放置审评杯碗冲泡开汤。审评茶叶的内质，包括汤色、香气、滋味、叶底。其高度为75～80cm，宽度为45～50cm，台面为白色亚光，长度视实际需要而定。

图1-3 干评台

图1-4 湿评台

（3）样茶柜架 在审评室内要配备样茶柜或样茶架，用以存放茶叶罐。样茶柜或样茶架一般放在湿评台后方，也有放在湿评台侧边靠壁的，这要根据审评室具体条件安排。

总之，室内的布置与设备用具的安放，以方便审评工作为原则。

3. 评茶设备

评茶用具是专用的，数量备足，质量要好，规格一致，力求完善，以尽量减少客观上的误差。评茶常用工具有以下几种。

（1）评茶盘　由木板或胶合板制成。评茶盘（图1-5）为正方形，外围边长230mm，边高33mm；盘的一角开有缺口，缺口呈倒等腰梯形，上宽50mm，下宽30mm；涂以白色油漆，要求无气味。

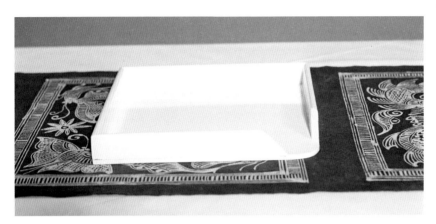

图1-5　评茶盘

（2）评茶标准杯碗　审评杯用来泡茶和审评茶叶香气，瓷质白色，在杯柄对面的杯口上有锯齿缺口，使杯盖盖着横搁在审评碗上仍易滤出茶汤。审评碗为特制的广口白色瓷碗，用来审评茶叶汤色和滋味。要求各审评杯碗大小、厚薄、色泽一致。审评杯碗如图1-6所示。

图1-6　茶叶审评杯碗

①初制茶（毛茶）审评杯碗：杯呈圆柱形，高75mm，外径80mm，容量250mL。具盖，杯盖上有一小孔，盖上面外径92mm，与杯柄相对的杯口上缘有三个呈锯齿形的滤茶口，口中心深4mm、宽2.5mm。

碗高71mm、上口外径112mm、容量440mL。

②精制茶（成品茶）审评杯碗：杯呈圆柱形，高66mm、外径67mm、容量150mL，具盖，盖上有一小孔，杯盖上面外径76mm，与杯柄相对的杯口上缘有三个呈锯齿形的滤茶口，口中心深直3mm，宽2.5mm。碗高56mm，上口外径95mm，容量240mL。

③乌龙茶审评杯碗：杯呈倒钟形，高52mm、口外径83mm、容量110mL，具盖，盖外径72mm。碗高51mm，上口外径95mm，容量160mL。

（3）分样盘（图1-7）　由木板或胶合板制成，为正方形，外围边长230mm，边高35mm。盘的两端各开一缺口，涂以白色油漆，要求无气味。

图1-7　分样盘

（4）叶底盘　叶底盘分为黑色叶底盘和白色搪瓷盘。黑色叶底盘（图1-8）为正方形，外径：边长100mm，边高15mm，供审评精制茶用；白色搪瓷盘（图1-9）为长方形，外径长230mm、宽170mm、边高30mm，一般供审评初制茶用。

（5）称量用具　天平（图1-10），感量0.1g。

（6）计时器（图1-11）　精确到秒的定时钟或特制砂时计等。

（7）网匙（图1-12）　不锈钢网制半球形小勺子，用以捞取审茶碗中的碎片茶渣。

（8）茶匙（图1-13）　不锈钢匙或瓷匙，容量约10mL。

（9）汤杯　放茶匙、网匙用，用时盛白开水。

（10）白色品茗杯　供品尝滋味时使用。

（11）吐茶筒　审评时用以吐茶及盛装已泡过的茶叶渣汁，有圆

图1-8　黑色叶底盘

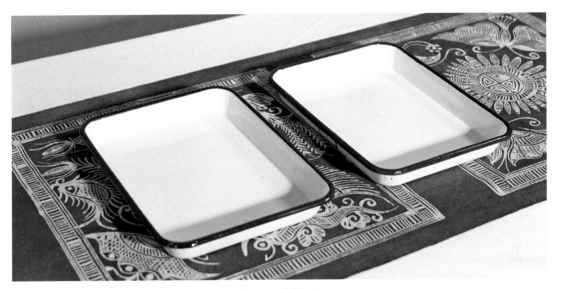

图1-9　白色搪瓷盘

图1-10　天平

图1-11　计时器

图1-12　网匙

图1-13　茶匙

形及半圆形两种，高80cm、直径35cm、半腰直径20cm。

（12）烧水壶　普通电热水壶，食品级不锈钢，容量不限。

（13）茶筅　竹制，搅拌粉茶用。

（14）刻度尺　刻度精确到毫米。

（三）实训步骤及实施

1. 实训步骤

（1）实训开始。

（2）观察审评室（依次观察干评台、湿评台、样茶柜架）。

（3）认识审评器具（依次认识评茶盘、审评杯、审评碗、叶底盘、样茶秤、定时钟、网匙、茶匙、汤杯、吐茶桶、烧水壶等）。

（4）将审评器具放回原位，并摆放整齐。

（5）实训结束。

2. 实训实施

实训授课2学时，共计90min，其中教师示范讲解50min，学生分组练习30min，考核10min。地点在茶叶审评实训室。

（1）分组方案　每组4人，一人任组长。

（2）实施原则　独立完成，组内合作，组间协作，教师指导。

（四）实训预案

1. 天平的使用方法

（1）要放置在水平的地方，游码要指向红色"0"刻度线。

（2）调节平衡螺母（天平两端的螺母），直至指针对准中央刻度线（调校天平见图1–14）。

（3）左托盘放称量物，右托盘放砝码。根据称量物的性状应放在玻璃器皿或洁净的纸上，事先应在同一天平上称得玻璃器皿或纸片的质量，然后称量待称物质。

图1–14　调校天平

（4）添加砝码从估计称量物的最大值加起，逐步减小。加减砝码并移动标尺上的游码，直至指针再次对准中央刻度线。

（5）过冷过热的物体不可放在天平上称量。应先在干燥器内放置至室温后再称。

（6）物体的质量=砝码的总质量+游码在标尺上所对的刻度值。

（7）取用砝码必须用镊子，取下的砝码应放在砝码盒中，称量完毕，应把游码移回零点。

（8）砝码若生锈，测量结果偏小；砝码若磨损，测量结果偏大。

2. 进入茶叶审评实训室的注意事项

（1）实训课前认真学习相关理论知识，课上认真听讲（图1-15）。

（2）实训课前请不要使用香皂或带香味的化妆品，严禁吸烟，这有利于评茶的准确性。

（3）实训课不得迟到，遵守纪律，接受教师指导，认真操作。

（4）爱护实训设备和茶样，严禁私自将样茶带出实训室，违反者不计实操成绩或取消实训资格。

（5）实训课结束时，照原样装好茶样，认真清洗评茶用具，仔细检查水电开关是否关好，并安排人员打扫实训室卫生。

（6）课后认真完成，并按时提交实训作业。

图1-15　实训课上认真听讲

（五）实训评价

根据实训结果，填写认识评茶器具实训评价考核评分表（表1-1）。

表1-1 认识评茶器具实训评价考核评分表

分项	内容	分数	自评分（10%）	组内互评分（10%）	组间互评分（10%）	教师评分（70%）	实际得分值
1	审评室要求	40分					
2	了解评茶器具的程度	40分					
3	综合表现	20分					
	合计	100分					

（六）作业

（1）茶叶审评室有何特征？

_____

_____

（2）茶叶审评室有哪些评茶器具？

_____

_____

（七）拓展任务

（1）尝试提出对学校审评室的改进意见。

_____

_____

（2）尝试为某茶叶企业设计一间茶叶审评室。

_____

_____

_____

班级

小组

姓名

实训测评页

（八）学习反思

任务二 认识评茶用水

（扫码观看微课视频）

评茶用水

（一）任务要求

了解审评用水的选择方法，掌握审评时的泡茶水温、泡茶时间，茶水比例。

（二）背景知识及分析

学习笔记

审评茶叶色香味的好坏，是通过冲泡开汤后来鉴定的。但水的硬软、清浊对茶叶品质有较大的影响，尤其对滋味的影响更大，所以泡茶用水不同，就会影响茶叶审评的准确性。我国自古以来，重视饮茶用水的选择，对此曾作过不少研究。国外饮用红茶，首先注意汤色的明亮度，认为优质的红茶用适当的水冲泡，才能获得适当的溶解物。现就水质的选择、泡茶的水温、泡茶的时间和茶水的比例等方面进行分述。

1. 用水的选择

水的种类很多，总体可分为天然水和人工处理水两大类，天然水又分为地表水和地下水两种。地表水包括山泉水、江水、河水、湖水、水库水等。此类水流经地表，水中所溶矿物质较少，但可能带有许多黏土、砂、水草、腐殖质、盐类和细菌等。地下水主要是井水、矿泉水等。此类水由于经过底层的浸滤，含泥沙悬浮物和细菌较少，水质较为清亮，溶入的矿物质元素也较多。各种水因水质有差异，用其泡出的茶汤自然不相同。

对于泡茶用水的选择，古今中外有诸多的说法和标准。结合我国当前水资源现状而言，只要是理化及卫生指标符合GB 5749—2022《生活饮用水卫生标准》各项规定的天然水和人工饮用水均可作为评茶用水。

同一批茶叶审评用水的水质应一致。

2. 泡茶的水温

审评泡茶用水的温度应达到沸滚起泡的程度，水温标准是100℃。沸滚过度的水或不到100℃的开水用来泡茶，都不能达到评茶的良好效果。

评茶烧水应以沸滚且起泡为度，这样的水冲泡茶叶才能使茶汤的香味更多地发挥出来，水浸出物也溶解得较多。水沸过久，能使溶解于水中的空气全被驱逐，变为无味，形成过多的氧化产物，用这种开水泡茶，必将失去用新沸滚的水所泡茶汤应有的新鲜滋味，俗称"千滚水是不能喝的"。如果水没有沸滚而泡茶，则茶叶浸出物不能最大限度地泡出。

水浸出物是茶叶经冲泡后的茶汤中所有可检测的可溶性物质，水浸出物含量多少在一定程度上反映茶叶品质的优劣。

3. 泡茶的时间

茶叶汤色的深浅明暗和汤味的浓淡爽涩，与茶叶中水浸出物的数量特别是主要呈味物质的泡出量和泡出率有密切关系。

按照茶水比1∶50，不同茶类茶汤的冲泡时间：绿茶4min；红茶、白茶、黄茶、乌龙茶（条型、拳曲型）5min；乌龙茶（颗粒型、拳曲型、圆结型）6min。

各类茶叶在具体审评时，"时间"可参考GB/T 23776—2018《茶叶感官审评方法》中的规定。

4. 茶水的比例

审评的用茶量和冲泡的水量多少，与茶汤滋味浓淡和厚薄有关。审评用茶量多而水少时茶叶难泡开，并过分浓厚。反之，茶少水多，汤味就过淡薄。同量茶样，冲泡用水量不同，或用水量相同，用茶量不同，都会影响茶叶香气及汤味，从而在审评结果上发生偏差。一般用茶量相同，冲泡时间相同，因用水量不同，其可以浸出的水浸出物就不同。水多，茶叶中可冲泡出的水浸出物就多；水少，可以浸出的水浸出物就少。

审评茶叶品质往往多种茶样同时冲泡进行比较和鉴定，用水量必须一致。在审评实训中红茶、绿茶，一般采用的比例是3g茶用150mL水冲泡。毛茶审评杯容量为250mL，应称取茶样5g，茶水比例为1∶50。但审评乌龙茶时，因品质要求着重香味并重视耐泡次数，用特制钟形茶瓯审评，其容量为110mL，投入茶样5g，茶水比例为1∶22。

（三）实训步骤及实施

1. 实训步骤

（1）准备器具　审评器具、温度计、矿泉水、薄荷水、自来水、炒青绿茶。

（2）实训开始。

（3）按照以下方法操作　选择150mL审评杯3组。

训练1：分别审评矿泉水、薄荷水、自来水内质，体验水的滋味。

训练2：分别用没有煮过的自来水、50℃的自来水、煮沸的自来水冲泡3g炒青绿茶5min后审评茶叶内质，体验水温对茶叶内质审评的关系。

训练3：用煮沸的水冲泡三杯茶。第一杯投茶5g，第二杯投茶3g，第三杯投茶1g分别冲泡茶叶5min后审评茶叶内质，体验投茶量与茶叶内质审评的关系。

训练4：用煮沸的水冲泡三杯茶，向审评杯中分别投入3g茶叶。第一杯泡1min，第二杯泡4min，第三杯泡8min，审评茶叶内质，体验泡茶时间与茶叶内质审评的关系。

（4）将审评器具放回原位，并摆放整齐。

（5）实训结束。

2．实训实施

实训授课2学时，共计90min，其中教师示范讲解30min，学生分组练习50min，考核10min。地点在茶叶审评实训室。

（1）分组方案　每组4人，一人任组长。

（2）实施原则　独立完成，组内合作，组间协作，教师指导。

（四）实训预案

是否可以用自来水审评茶叶

只要符合GB 5749—2022《生活饮用水卫生标准》的水均可以用来审评茶叶，自来水符合该标准，当然可以用来审评茶叶。但我们应该注意同一批茶叶审评用水水质应一致。

（五）实训评价

根据实训结果，填写认识评茶用水实训评价考核评分表（表1-2）。

表1-2　认识评茶用水实训评价考核评分表

分项	内容	分数	自评分（10%）	组内互评分（10%）	组间互评分（10%）	教师评分（70%）	实际得分值
1	水的审评	25分					
2	水温对茶叶内质的影响	25分					

续表

分项	内容	分数	自评分 （10%）	组内互评分 （10%）	组间互评分 （10%）	教师评分 （70%）	实际得分值
3	投茶量对内质的影响	25分					
4	泡茶时间对内质的影响	25分					
	合计	100分					

（六）作业

在茶叶冲泡时，泡茶水温、投茶量、泡茶时间对茶叶内质审评有何影响？

_____

_____

_____

_____

（七）学习反思

任务三 审评基本操作

（扫码观看微课视频）

（一）任务要求

掌握茶叶审评的基本程序，熟悉茶叶识别的五个指标和茶的鉴别知识。

审评基本操作（上）

审评基本操作（下）

（二）背景知识及分析

学习笔记

茶叶品质的好坏，等级的划分、价值的高低，主要根据茶叶感官审评的结果来判定。茶叶感官审评是审评人员运用正常的视觉、嗅觉、味觉、触觉的辨别能力，对茶叶产品的外形、汤色、香气、滋味与叶底等品质因子进行审评，从而达到鉴定茶叶品质的目的。

感官审评分为干茶审评和开汤审评，俗语称干看和湿看，即干评和湿评。一般感官审评品质的结果应以湿评内质为主要根据。但因产销要求不同，也有更注重干评外形的。然而同类茶的外形内质不平衡不一致是常有的现象，如有的内质好、外形不好，或者外形好、色香味未必全好，所以审评茶叶品质应外形内质兼评。

我国因茶类众多，不同茶类的审评方法和审评因子有所不同。名优茶和初制茶的审评按照茶叶的外形（包括形状、嫩度、色泽、匀整度和净度）、汤色、香气、滋味和叶底"五项因子"进行。精制茶的审评则按照茶叶外形的形态、色泽、匀整度和净度，内质的汤色、香气、滋味和叶底"八项因子"进行。

现将一般评茶操作程序分述如下。

1. 把盘

把盘（图1-16），俗称摇样匾或摇样盘，是审评干茶外形的首要操作步骤。

审评干茶外形，依靠视觉触觉而鉴定。因茶类、花色不同，外在的形状、色泽是不一样的。根据各茶类的特征分别审评干茶的形状、嫩度、色泽、匀整度、净度等。

图1-16 把盘

在生产上往往是对样评茶，首先应查对样茶、判别茶类、花色、名称、产地等，然后扦取有代表性的样茶，审评毛茶需250～500g、精茶需200～250g。

　　审评毛茶外形一般是将样茶放入篾制的样匾里，双手持样匾的边沿，运用手势作前后左右的回旋转动，使样匾里的茶叶均匀地按轻重、大小、长短、粗细等不同有次序地分布，然后把均匀分布在样匾里的毛茶通过反转顺转收拢集中成为馒头形，这样摇样匾的"筛"与"收"的动作，使毛茶分出上中下三个层次。一般来说，比较粗长轻飘的茶叶浮在表面，称面装茶，或称上段茶；细紧重实的集中于中层，称中段茶，俗语称腰档或肚货；体小的碎茶和片末沉积于底层，称下身茶，或称下段茶。审评毛茶外形时，对照标准样，先看面装，后看中段，再看下身。看完面装茶后，拨开面装茶抓起放在样匾边沿，看中段茶，看后又用手拨在一边，再看下身茶。看三段茶时，根据外形审评各项因子对样评比分析确定等级时，要注意各段茶的比重，分析三层茶的品质情况。如面装茶过多，表示粗老茶叶多，身骨差，一般以中段茶多为好，如果下身茶过多，要注意是否属于本茶本末，条形茶或圆炒青如下段茶断碎片末含量多，表明做工、品质有问题。

　　审评圆炒青外形时，除同样先有"筛"与"收"动作外，再有"削"（切）或"抓"的操作。即用手掌沿馒头形茶堆面轻轻地像剥皮一样，一层一层地剥开，剥开一层，评比一层，一般削三四次直到底层为止。操作时，手指要伸直，手势要轻巧，防止层次弄乱。最后还有一个"簸"的动作，在簸以前先把削好的各层毛茶向左右拉平，小心不能乱拉，然后将样匾轻轻地上下簸动三次，使样茶按颗粒大小从前到后依次均匀地铺满在样匾里。综合外形各项因子，对样评定干茶的品质优次。此外，审评各类毛茶外形时，还应手抓一把干茶嗅干香及手测水分含量。

　　审评精茶外形一般是将样茶倒入木质评茶盘中，双手拿住评茶盘的对角边沿，一手要拿住评茶盘的倒茶小缺口，同样用回旋筛转的方法使盘中茶叶分出上中下三层（审评外形见图1-17）。一般先看面装和下身，然后看中段茶。看中段茶时将筛转好的精茶轻轻地抓一

图1-17　审评外形

把到手里，再翻转手掌看中段茶品质情况，并权衡身骨轻重。看精茶外形的一般要求，对样评比上中下三档茶叶的拼配比例是否恰当和相符，是否平伏匀齐不脱档。看红碎茶虽不能严格分出上中下三段茶，

但评茶盘筛转后要对样评比粗细度、匀齐度和净度。同时抓一撮茶在盘中散开，使颗粒型碎茶的重实度和匀净度更容易区别。审评精茶外形时，各盘样茶容量应大体一致，便于评比。

2. 开汤

开汤（图1-18），俗语称泡茶或沏茶，为湿评内质重要步骤。开汤前应先将审评杯碗洗净擦干按号码次序排列在湿评台上。称取样茶（图1-19）3.0～5.0g投入审评杯内，茶水比为1∶50，如果选用150mL的名优茶、精制茶审评杯则称量3.0g，如果选用250mL的毛茶审评杯则称量5.0g茶。杯盖应放入审评碗内，然后以沸滚适度的开水以慢-快-慢的速度冲泡满杯，泡水量应齐杯口一致。冲泡时第一杯起应计时，并从低级茶泡起，对正在泡茶的茶杯加杯盖，盖孔朝向杯柄，5min时按冲泡次序将杯内茶汤滤入审评碗内，倒茶汤时，杯应卧搁在碗口上，杯中残余茶汁应完全滤尽。

图1-18　开汤

图1-19　称取样茶

在日本，茶叶开汤为了浸出时间和浸出浓度保持一致，使合理地审评汤色和滋味，排列成一行的审评碗，从右到左顺次盛开水，并分两次盛满，第一次盛到七成，第二次盛满。

开汤后，按香气（热嗅）、汤色、香气（温嗅）、滋味、香气（冷嗅）、叶底的顺序逐项审评（审评绿茶有时可先看汤色）。

3. 嗅香气

香气是依靠嗅觉而辨别（图1-20）。审评茶叶香气是通过泡茶使其内含芳香物质挥发，挥发性物质的气流刺激鼻腔内嗅觉神经，出现不同类型不同程度的茶香。嗅觉感受器是很敏感的，直接感受嗅觉的是嗅觉小胞中的嗅细胞。嗅细胞的表面为水样的分泌液所湿润，俗称鼻黏膜黏液，嗅细胞表面为负电性，当挥发性物质分子吸附到嗅细胞表面后就使表面的部分电荷发生改变而产生电流，使嗅神经的末梢接受刺激而兴奋，传递到大脑的嗅区而产生了香的嗅感。

嗅香气应一手拿住已倒出茶汤的审评杯，另一手半揭开杯盖，靠近杯沿用鼻轻嗅或深嗅。为了正确判别香气的类型、高低和长短，嗅时应重复一两次，但每次嗅的时间不宜过久，因嗅觉易疲劳，嗅香过久，嗅觉失去灵敏感，一般是2～3s。另外，杯数较多时，嗅香时间拖长，冷热程度不一，就难以评比。每次嗅评时都将杯内叶底抖动翻个身，在未评定香气前，杯盖不得打开。

图1-20   嗅香气

嗅香气应以热嗅、温嗅、冷嗅相结合进行。热嗅重点是辨别香气的纯异，因茶汤刚倒出来，杯中蒸气分子运动很强烈，嗅觉神经受到烫的刺激，敏感性受到一定的影响。因此，辨别香气的类型与高低，主要以温嗅为主，准确性较大。冷嗅主要是了解茶叶香气的持久程度，或者在评比当中有两种茶的香气在温嗅时不相上下，可根据冷嗅的余香程度来加以区别。审评茶叶香气最适合的叶底温度是55℃左右。超过65℃时感到烫鼻，低于30℃时茶香低沉，特别是染有烟气木气等异气茶的气味会随热气而挥发。凡一次审评若干杯茶叶香气时，为了区别各杯茶的香气，嗅评后分出香气的高低，把审评杯作前后移动。一般将香气好的往前推，次的往后摆，此项操作称为香气排队，审评香气不宜红、绿茶同时进行。审评香气时还应避免外界因素的干扰，如抽烟、擦香脂、香皂洗手等都会影响鉴别香气的准确性。

我国各地收茶站审评毛茶的香气，有时用竹筷从碗中夹取浸泡叶，靠近鼻孔嗅香。在印度及斯里兰卡等国家也认为热嗅香气最好。

热嗅能清楚地辨别大吉岭和斯里兰卡高山茶特殊的高香，同时，因制造不当而产生各种怪异气都可在叶底上热嗅出来。

图1-21 看汤色

4. 看汤色

汤色靠视觉审评（图1-21）。茶叶开汤后，茶叶内含成分溶解在沸水中的溶液所呈现的色彩，称为汤色，又称水色。审评汤色要及时，因茶汤中的成分和空气接触后很容易发生变化，所以有的把评汤色放在嗅香气之前。汤色易受光线强弱、茶碗规格、容量多少、排列位置、沉淀物多少、冲泡时间长短等各种外因的影响。冬季评茶，汤色随汤温下降逐渐变深；若在相同的温度和时间内，红茶色变大于绿茶，大叶种大于小叶种，嫩茶大于老茶，新茶大于陈茶，在审评时应引起足够注意。如果各碗茶汤水平不一，应加调整。如茶汤混入茶渣残叶，应以网丝匙捞出，用茶匙在碗里打一圆圈，使沉淀物旋集于碗中央，然后开始审评，按汤色性质及深浅、明暗、清浊等评比优次。

5. 尝滋味

滋味是由味觉器官来区别的（图1-22）。茶叶是一种风味饮料，不同茶类或同一茶类而产地不同都各有独特的风味或味感特征，良好的味感是构成茶叶质量的重要因素之一。茶叶不同味感是由茶叶的呈味物质的数量与组成比例不同而异。味感有甜、酸、苦、辣、鲜、涩、咸、碱及金属味等。味觉感受器是满布舌面上的味蕾，味蕾接触到茶汤后，立即将受到刺激的兴奋波经过传入神经传导到中枢神经，经大脑综合分析后，产生不同的味觉。舌头各部分的味蕾对不同味感的感受能力不同。如舌尖最易为甜味所兴奋；舌的两侧前部最易感觉咸味而两侧后部为酸味所兴奋，舌心对鲜味涩味最敏感，近舌根部位则易被苦味所兴奋。

审评滋味应在评汤色后立即进行，茶汤温度要适宜，一般以50℃左右较适合评味要求，如茶汤太烫时评味，味觉受强烈刺激而麻木，影响正常评味。如茶汤温度低了，味觉受两方面的影响，一是味觉尝温度较低的茶汤灵敏度差，二是茶汤中对滋味有关的物质溶解在热汤中多且协调，随着汤温下降，原溶解在热汤中的物质逐步被析出，汤味由协调变为不协调。评茶味时用瓷质汤匙从审评碗中取一浅匙吮入口内，由于舌的不同部位对滋味的感觉不同，茶汤入口后在舌头上循

图1-22　尝滋味

环滚动，才能正确地、较全面地辨别滋味。尝味后的茶汤一般不宜咽下，尝第二碗时，匙中残留茶液应倒尽或在白开水汤中漂净，不致互相影响。审评滋味主要按浓淡、强弱，爽涩、鲜滞及纯异等评定优次。在国外认为在口里尝到的香味是茶叶香气最高的表现。为了正确评味，在审评前最好不吃对味觉器官有强烈刺激的食物，如辣椒、葱蒜、糖果等，且不宜吸烟，以保持味觉和嗅觉的灵敏度。

6. 评叶底

审评叶底主要靠视觉和触觉来判别（图1-23），根据叶底的老嫩、匀杂、整碎、色泽和开展与否等来评定优次，同时还应注意有无其他掺杂。

图1-23　评叶底

评叶底是将杯中冲泡过的茶叶倒入黑色木质叶底盘或放入审评盖的反面，也有放入白色搪瓷漂盘里的，倒时要注意把细碎粘在杯壁杯底和杯盖的茶叶倒干净，用叶底盘或杯盖的先将叶张拌匀、铺开，观察其嫩度、匀度、色泽和亮度的优次。如感到不够明显时，可在盘里加茶汤，再将茶汤徐徐倒出，使叶底平铺或翻转，或将叶底盘反扑倒在桌面上观察。用漂盘看则加清水漂叶，使叶张在水中观察分析。评叶底时，要充分发挥眼睛和手指的作用，手指触摸叶底的软硬、厚薄等。再看芽头和嫩叶含量、叶张卷摊、光糙，色泽及均匀度等区别好坏。

茶叶品质审评一般通过上述干茶外形和汤色、香气、滋味、叶底五个项目的综合观察，才能正确评定品质优次和等级价格的高低。实践证明，每一项目的审评不能单独反映出整个品质，但茶叶各个品质项目又不是单独形成和孤立存在的，相互之间有密切的相关性。因此综合审评结果时，每个审评项目之间，应做仔细的比较参证，然后再下结论。对于不相上下或有疑难的茶样，有时应冲泡双杯审评，取得正确评比结果。总之，评茶时要根据不同情况和要求具体掌握，有的选择重点项目审评，有的则要全面审评。凡进行感官审评时，都应严格按照评茶操作程序和规则，以取得正确的结果。

（三）实训步骤及实施

1. 实训地点
茶叶审评实训室。

2. 课时安排
实训授课2学时，共计90min，其中教师讲解30min，学生分组练习50min，考核10min。

3. 分组方法
每四人一组，将学生分成若干组，每组选一名组长，配四套审评用具。要求独立完成，组内合作，组间协作，教师指导。

4. 实训步骤
（1）实训开始。
（2）备具　评茶盘、评茶杯碗、叶底盘、茶匙、天平、定时钟、烧水壶等。
（3）备样　绿茶200g、红茶200g、乌龙茶200g。

（4）扦样。

（5）把盘。

（6）看外形。

（7）开汤。

（8）热嗅香气。

（9）看汤色。

（10）温嗅香气。

（11）尝滋味。

（12）冷嗅香气。

（13）看叶底。

（14）实训结束。

（四）实训预案

审评基本程序实训预案见表1-3。

表1-3　审评基本程序实训预案

步骤	要求	技能
扦样（取样）	科学、公正、全面、并有正确性和代表性	对角线取样法，分段取样法，随机取样法，分样器取样法
把盘	旋转平稳，上、中、下三段茶分清	运用双手作前后左右回旋转动，"筛""收"相结合
看外形	全面仔细，上、中、下三段茶都要看到	反复把盘
开汤	准确称样，注入沸水容量一致，水满至杯口	用三个指头（大拇指、食指、中指），上中下都要取到茶样，并基本做到一次扦量成功；冲水速度慢—快—慢
热嗅香气	辨别出香气的纯异	一手握杯柄，一手握杯盖头，上下轻摇几下，开盖嗅香，时间为2～3s
看汤色	碗中茶汤一致，无茶渣，沉淀物集中于碗中央	观察汤色的颜色、浑浊度、亮度等
温嗅香气	确定香气的类型与高低	同热嗅香气
尝滋味	茶汤温度45～55℃，茶汤量4～5mL，尝滋味时间3～4s，吸茶汤速度要自然，不要太快	茶汤入口在舌头上微微巡回流动，吸气辨出滋味，即闭嘴，由鼻孔中排出，吐出茶汤
冷嗅香气	辨别出香气持久程度	同热嗅香气
看叶底	嫩度、颜色、亮度和匀整度及独特特征	把叶底倒入杯盖或叶底盘中观察、感觉

（五）实训评价

根据实训结果，填写审评基本操作实训评价考核评分表（表1-4）。

表1-4　审评基本操作实训评价考核评分表

分项	内容	分数	自评分（10%）	组内互评分（10%）	组间互评分（10%）	教师评分（70%）	实际得分值
1	把盘	20分					
2	开汤	16分					
3	嗅香气	16分					
4	看汤色	16分					
5	尝滋味	16分					
6	评叶底	16分					
	合计	100分					

（六）作业

（1）简述茶叶审评的基本流程。

_____

_____

_____

_____

（2）审评茶叶外形应注意什么？

_____

_____

_____

（3）审评茶叶香气应注意什么？

_____

_____

_____

_____

（4）审评茶叶汤色应注意什么？

_____

_____

_____

_____

（5）审评茶叶滋味应注意什么？

_____

_____

_____

_____

（6）审评茶叶叶底应注意什么？

_____

_____

_____

_____

（七）拓展任务

查阅GB/T 23776—2018《茶叶感官审评方法》，以具体了解茶叶感官审评方法。

（八）学习反思

_____

_____

_____

_____

_____

_____

项目二　茶叶标准

中国已制定的茶叶标准有茶叶产品标准、检验方法标准和与茶叶行业有关的茶叶机械标准、茶园中农药安全使用标准等。本项目主要是认识这些标准。

任务一　茶叶标准的概念与分类

（一）任务要求

通过本项目的学习，能够认识茶叶标准的概念及其类型。

（二）背景知识及分析

1. 标准的概念

标准是对重复性事情和概念所做的统一规定。它以科学、技术和实践经验的综合成果为基础，经有关方面协商一致，由主管机构批准，以特定形式发布，作为共同遵守的准则和依据。也是促进技术进步、提高产品质量、降低生产成本、维护国家和人民利益不可缺少的共同依据。

标准的定义在国际标准化组织（ISO）和中国2002年颁布的GB/T 20000.1—2014《标准化工作指南　第1部分：标准化和相关活动的通用术语》中也有说明。

2. 标准的基本特性

（1）标准对象的特定性。

（2）标准制定依据的科学性。

（3）标准的本质特征是统一性。

（4）标准的法规特性。

3. 标准的分类

《中华人民共和国标准化法》将标准划分为国家标准、行业标准、地方标准、团体标准和企业标准。国家标准分为强制性标准、推荐性标准，行业标准、地方标准是推荐性标准。强制性标准必须执行。国家鼓励采用推荐性标准。

（1）国家标准　对需要在全国范围内统一的技术要求，应当制定国家标准。国家标准由国家标准化管理委员会编制计划、审批、编号、发布。国家标准代号为GB和GB/T，其含义分别为强制性国家标准和推荐性国家标准。

（2）行业标准　对没有国家标准又需要在全国某个行业范围内统一的技术要求，可以制定行业标准，作为对国家标准的补充，当相应的国家标准实施后，该行业标准应自行废止。行业标准由行业标准归口部门编制计划、审批、编号、发布、管理。行业标准的归口部门及其所管理的行业标准范围，由国务院行政主管部门审定。部分行业的行业标准代号如下：农业——NY、商检——SN、汽车——QC、有色金属——YS、机械——JB、轻工——QB、船舶——CB、电力——DL。

（3）地方标准　对没有国家标准和行业标准而又需要在省、自治区、直辖市范围内统一的要求，可以制定地方标准。地方标准由省、自治区、直辖市标准化行政主管部门统一编制计划、组织制定、审批、编号、发布。标准代号为DB。如DB52代表贵州省地方标准。

（4）团体标准　团体标准是由团体按照团体确立的标准制定程序自主制定发布，由社会自愿采用的标准。团体是指具有法人资格，且具备相应专业技术能力、标准化工作能力和组织管理能力的学会、协会、商会、联合会和产业技术联盟等社会团体。

（5）企业标准　企业标准是对企业范围内需要协调、统一的技术要求、管理要求和工作要求所制定的标准。对企业产品标准的要求不得低于相应的国家标准或行业标准的要求。企业标准由企业制定，由企业法人代表或法人代表授权的主管领导批准、发布。企业产品标准应在发布后30日内向政府备案。标准代号为Q，有效期三年。

（三）实训步骤及实施

1. 实训步骤

（1）实训开始。

（2）认识各类茶叶的标准（包括国家标准、行业标准、地方标准、团体标准、企业标准各一份）。

（3）实训结束。

2. 实训实施

实训授课2学时，共计90min，其中教师示范讲解50min，学生分组练习30min，考核10min。地点在多媒体教室。

3. 分组方案

每组4人，一人任组长。

4. 实施原则

独立完成，组内合作，组间协作，教师指导。

（四）实训评价

根据实训结果，填写认识茶叶标准实训评价考核评分表（表1-5）。

表1-5　认识茶叶标准实训评价考核评分表

分项	内容	分数	自评分（10%）	组内互评分（10%）	组间互评分（10%）	教师评分（70%）	实际得分值
1	茶叶标准的作用	40分					
2	认识各种标准	40分					
3	综合表现	20分					
	合计	100分					

（五）作业

（1）简述茶叶标准的定义及其作用。

_____

_____

_____

_____

_____

（2）简述茶叶标准的分类。

_____

_____

_____

_____

_____

班级

小组

姓名

实训测评页

（六）拓展任务

登录网站：全国茶叶标准化技术委员会http://www.tc339.com，查询茶叶相关标准。

（七）学习反思

任务二 制定茶叶企业标准

（一）任务要求

通过本任务的学习，能够组织制定本单位的茶叶企业标准，以及参与其他茶叶标准制（修）定相关工作。

（二）背景知识及分析

1. 制定茶叶企业标准的意义

茶叶标准是各产茶国或消费国根据各自的生产水平和消费需要确定的检验项目，如品质水平和理化指标。各国茶叶检验标准，也都是通过经济立法手段，作为政府经济法律或法规予以公布，对内作为生产、加工的准绳和检验依据；对外作为贸易和多边贸易的品质指标和检验依据，对生产和贸易都起着提高和促进作用，同时在某些国家和地区也被用来作为贸易技术壁垒。

为了使茶叶生产、加工和管理进一步科学化、规范化、提高生产、技工和技术人员素质，改进产品质量，节约原材料，降低成本，提高企业经营管理水平，不仅要制定企业标准，而且还要使企业的生产、加工、检验人员以及企业领导都必须懂得标准，才能做到标准化生产、加工和检验。

以下两种情况必须制定企业标准：

（1）企业生产的产品，在没有国家标准、行业标准和地方标准时，应制定企业产品标准，作为生产和产品质量的判定依据，国家严禁企业无标生产。

（2）为提高产品质量、促进技术进步，国家鼓励企业制定严于国家标准、行业标准或地方标准的企业产品标准。

2. 茶叶企业标准的编制依据

应按照GB/T 1.1—2020《标准化工作导则 第1部分：标准化文件的结构和起草规则》的要求编制茶叶企业标准。

3. 茶叶企业标准的编制原则

贯彻国家和地方的有关法律、法规和政策，严格执行强制性标准；保证安全、卫生，充分考虑市场需求，保护消费者利益，保护环境；有利于企业技术进步，保证和提高产品质量，改善经营管理，增强经济效益和社会效益；积极采用国际标准和国外先进标准；鼓励采用推荐性国家标准、行业标准；有利于合理利用国家资源、能源，推广先进科技成果。

4. 茶叶企业标准的编制内容

制定茶叶企业标准，首先要了解制定标准的内容，一般包括以下几个方面：

（1）标准的封面　标准的封面包括：标准的类别、标准的编号、标准的名称、标准的发布和实施日期、标准的发布单位。其中，企业标准的编号应按国家质量技术监督局颁布的《企业标准化管理办法》规定执行，如图1-24所示。

Q / ×××　　××××　s　−　××××
企业标准　企业代号　　顺序号　食品标准　颁布年号

图1-24　企业标准的编号规则

如：Q/GC 0002S—2020《红宝石红茶》为贵州贵茶（集团）有限公司2020年制定颁布的《红宝石红茶》企业标准，顺序号为0002。

（2）前言　标准的前言包括：制定标准的目的、应用标准的名称、提出制定标准的单位及归口部门、承担制定标准的起草单位及主要起草人员。

（3）标准的正文　标准的正文根据标准的类型不同而有所不同。

①品质规格标准：明确使用标准的产品名称、制定本标准所引用的标准名义、标准中所用名词的解释和定义、应用本标准所用仪器及要求、检验原理、测定结果或评论结果的计算及误差要求。

②检验方法标准：明确适用标准的产品名称和范围、制定本标准所引用的标准名称、标准中所用名词的解释和定义、品质规格要求。

5. 制定茶叶企业标准的程序

（1）计划阶段　企业标准制（修）订、实施和管理等工作应有工作计划，地方标准应向主管部门提出制定申请。

（2）成立标准编制小组　成立标准编制小组，明确项目负责人以及参与人的工作职责。

（3）开展调查研究，收集资料　充分调研和收集资料，尽量扩大信息占有量，可以使起草工作少走弯路，节省时间、人力、物力、财力、提高工作效率、缩短周期。调研的重点如下。

①国际标准、国外先进标准和国内有关标准。

②国内生产和贸易现状。

③有关产品的样本和技术数据。

④最新科研成果及推广应用情况。

⑤本企业生产、经营、管理和产品质量等实际状况。

⑥与待制定标准有关的法律、法规等。

（4）分析、研究和验证 对上一程序的工作进行分析、研究和验证，初步拟订标准内容方案。包括标准的水平定位、标准的结构、内容和参数等。产品标准，还应根据企业生产、销售等实际情况确定茶叶质量分等、分级，明确各质量等级茶叶的品质水平。

（5）制定茶叶实物标准样 在制定产品标准时，应根据上一程序确定的茶叶质量分等、分级要求，按茶叶实物样制定程序和方法制定好茶叶实物标准样。并将制定完成的实物标准样进行实际检测，明确标准中各待定参数的实测值。

（6）编写标准征求意见稿及其编制说明 一切都准备好后，标准制定程序进入标准的文字起草阶段。按照GB/T 1.1—2020《标准化工作导则 第1部分：标准化文件的结构和起草规则》进行起草。

标准本身是一个很简练的技术文件，是编制组大量工作的结果，在征求意见或审定时，专家光看结果往往不清楚前因后果。因此，编制说明主要要写清楚以下几点。

①工作简况（主要是工作过程等）。

②标准编制原则和确定标准主要内容（如技术指标、参数、公式、性能要求、试验方法、检验规则等）的论据（包括试验、统计数据）；修订标准时，应增列新旧标准水平对比。

③主要试验（或验证）的分析、综述报告，技术经济论证，预期经济效果。

④采用国际标准或国外先进标准的程序，以及与国际标准、国外同类标准水平的对比情况等。

⑤与有关的现行法律、法规和强制性标准的关系。

⑥重大分歧意见的处理经过和依据。

⑦贯彻标准的要求和措施建议。

⑧其他应予以说明的事项。

（7）征求意见 标准草稿虽然是经过标准编制人员在收集大量资料、验证分析和反复推敲的基础上编写完成，但集思广益对完善标准是非常有必要的，因此，标准草稿起草完成后，还应印发给企业内部的有关部门或外面的专家征求意见。

（8）提出标准审定稿 对征求来的意见进行归纳、整理，并讨论是否采纳。根据处理意见修改标准，提出"标准审定稿"和相应的"编制说明"。

（9）标准审定　标准审查的形式通常有会议审查和函审两种，标准审定稿完成后，要确定标准审查形式，提出参加审查会的单位和专家名单。

审查重点如下。

①任务完成情况。

②是否符合"科学、先进、适用"三性。

③是否符合标准化工作导则。

④与其他标准、法律、法规相协调一致。

⑤对标准水平进行评估（处于什么水平）。

⑥可操作性、效益情况。

⑦对标准审定下结论（通过与否）。

（10）标准的发布、备案　标准审查会之后，标准起草小组应进行以下工作：

①依标准审查会的审查意见和决议，对标准内容进行细致修改，使标准内容符合审查会的要求。对标准全文重新审核，使之前后连贯、语句通顺、概念清楚、无文字错误。条文序号有变动，应按顺序改正。最后形成标准备案稿。

②完成备案材料。备案材料包括：标准申报单、标准正式文本、编制说明及有关附件、标准审定意见（会议纪要）、专家签名表。

可以两种方式进行备案和发布实施，第一种为将相应资料上传在"企业标准信息公共服务平台"（图1-25）上，按照自我公开、自我声明的方式进行发布。企业的产品标准应在发布30日内向所属的行政主管部门和当地县级以上标准化行政主管部门备案。

图1-25　企业标准信息公共服务平台（页面展示）

第二种为在省级公共事务服务平台的卫生健康委员会网站食品安全企业标准办理窗口，按要求将相应资料上传，预约办理"食品安全企业标准"备案，待审核通过后，带上相应资料及资质原件到现场办理备案取回盖章的标准正式版。

"食品安全企业标准"备案有效期一般为三年，到期前三个月可以重新申请备案。

（11）标准宣贯　标准发布后，需要进行宣贯后，方正式实施，宣贯内容包括：介绍标准制修订的原因、过程及意义；介绍标准的主要特点；解释标准内容；标准实施过程中的问题及解决办法/措施；介绍相关标准。

（三）实训步骤及实施

1. 实训步骤

（1）实训开始。

（2）按要求制定茶叶标准。

（3）实训结束。

2. 实训实施

实训授课2学时，共计90min，其中教师示范讲解50min，学生分组练习30min，考核10min。地点在多媒体教室。

（1）分组方案　每组4人，一人任组长。

（2）实施原则　独立完成，组内合作，组间协作，教师指导。

（四）实训预案

《红宝石红茶》地方标准

以下是已制定的《红宝石红茶》地方标准，为非正式出版的版本。

Q/GC

贵州省食品安全企业标准

Q/GC 0002S—2020

红宝石红茶

2020-02-25发布 　　　　　　　　　　　　　　　　　　　2020-03-01实施

贵州贵茶（集团）有限公司 发布

前　言

本标准按照GB/T 1.1—2009《标准化工作导则　第1部分：标准的结构和编写》规则起草。

本标准由贵州贵茶（集团）有限公司提出并批准。

本标准由贵州贵茶（集团）有限公司负责起草。

本标准主要起草人：韦勇、牟春林、张光宇、陈安国、华连著、周维、田小青、吴远卒。

本标准适用于贵州贵茶（集团）有限公司及其下属单位（贵州铜仁贵茶茶业股份有限公司、贵州久安古茶树茶业有限公司、贵州凤冈黔风有机茶业有限公司、贵州凤冈贵茶有限公司）以及委托生产单位生产的"红宝石红茶"的质量控制。

红宝石红茶

1　范围

本标准规定了红宝石红茶的术语和定义、分级与实物样、原料（茶青）要求、产品要求、检验方法、检验规则及标志、包装、运输、贮存和保质期等要求。

本标准适用于红宝石红茶。

2　规范性引用文件

下列文件对于本文件的应用是必不可少的。凡是注日期的引用文件，仅注日期的版本适用于本文件。凡是不注日期的引用文件，其最新版本（包括所有的修改单）适用于本文件。

GB/T 191　　　包装储运图示标志

GB 2762　　　食品中污染物限量

GB 2763　　　食品中农药残留最大限量

GB 7718　　　预包装食品标签通则

GB 5009.3　　食品安全国家标准　食品中水分的测定

GB 5009.4　　食品安全国家标准　食品中灰分的测定

GB/T 8302   茶　取样

GB/T 8303   茶　磨碎试样的制备及其干物质含量测定

GB/T 8305   茶　水浸出物测定

GB/T 8311   茶　粉末和茶碎含量测定

GB/T 18795   茶叶标准样品制备技术条件

GB/T 18797   茶叶感官审评室基本条件

GB/T 14487   茶叶感官审评术语

GB/T 23776   茶叶感官审评方法

GB/T 30766   茶叶分类

GB/T 30375   茶叶贮存

GH/T 1070   茶叶包装通则

GB 14881   食品企业通用卫生规范

GB/T 23350   限制商品过度包装要求　食品和化妆品

JJF 1070   定量包装商品净含量计量检验规则

国家质量监督检验检疫总局［2005］第75号令　定量包装商品计量监督管理办法

3　术语和定义

GB/T 14487确定的以及下列术语和定义适用于本标准。

3.1　红宝石红茶（Hongbaoshi Black Tea）

在贵茶联盟专属茶园中，适制红茶的茶树良种一芽二叶至三叶的细嫩芽叶为原料，经特定生产工艺加工而成的红茶。具有盘花状颗粒，色泽乌较润；冲泡后甜香浓郁带花香，汤色红/橙红，明亮，滋味甜醇，叶底较红亮、完整的品质特征。

4　分级与实物样

4.1　红宝石红茶分为三个等级：珍品、特级、一级。

4.2　产品的每一等级均设实物标准样，其品质为各级茶品质的最低限，至少每三年更换一次，必要时可提前。标准样制备按GB/T 18795规定执行。

5　原料（茶青）要求

5.1　原料（茶青）质量要求

应符合表1规定。

表1 原料（茶青）质量要求

采收季节	春茶前期	春茶中期	春茶后期和夏秋茶期
嫩度	一芽二三叶，长度7～9cm	一芽二三叶，长度6～8cm	一芽二三叶，长度5～6cm
匀度	一芽二叶约占50%，一芽三叶约占50%	一芽二叶约占60%，一芽三叶约占40%	一芽二叶约占70%，一芽三叶约占30%
净度	同一批加工的茶青品种相同，不得有鱼叶、单片叶、老梗、老片等茶类或非茶类夹杂物		
新鲜度	茶青鲜活，无病变叶、虫伤叶，无明显红梗红叶和机械损伤叶		

5.2 原料（茶青）运输要求

使用透气良好的清洁竹篓装运茶青，运输茶青的车辆必须清洁，不得日晒雨淋，不得与有异气味、有毒物品混装，不得紧压，保持茶青鲜活无劣变。

6 产品要求

6.1 基本要求

6.1.1 品质正常，无劣变，无异气、味。

6.1.2 无非茶类夹杂物。

6.1.3 不着色，无添加。

6.2 感官品质

产品感官品质应符合表2规定。

表2 感官品质要求

级别	项目				
	外形	内质			
		汤色	香气	滋味	叶底
珍品	盘花状颗粒，匀整，乌较润，带毫	红/橙红，明亮	甜香浓郁带花香	鲜醇甜和	较红亮，柔软，完整
特级	盘花状颗粒，匀整，乌尚润，隐毫	红较亮	甜香带花香	甜醇	尚红亮，较柔软，较完整
一级	盘花状颗粒，尚匀整	红/橙红，尚亮	甜香	纯正	较完整

6.3 理化指标

理化指标应符合表3规定。

表3 理化指标

项目	指标
水分/（g/100g）	≤7.0
总灰分/（g/100g）	≤7.0
水浸出物（质量分数）/%	≥32.0
粉末（质量分数）/%	≤1.0

6.4 食品安全指标

食品安全指标应符合表4的规定。

表4 食品安全指标

项目	指标
铅（Pb）/（mg/kg）	≤4.5
六六六总量/（mg/kg）	≤0.2
滴滴涕总量/（mg/kg）	≤0.2
三氯杀螨醇/（mg/kg）	≤0.2
氟戊菊酯/（mg/kg）	≤0.1
氟氰戊菊酯/（mg）	≤20
氯氰菊酯/（mg/kg）	≤20
氯菊酯/（mg/kg）	≤20
溴氰菊酯/（mg/kg）	≤10
乙酰甲胺磷/（mg/kg）	≤0.1
杀螟硫磷/（mg/kg）	≤0.5
其他农药残留限量	按GB 2763执行

6.5 净含量

净含量应符合《定量包装商品计量监督管理办法》的规定。

6.6 生产加工过程卫生要求

应符合GB 14881的要求。

7 检验方法

7.1 感官品质要求

按GB/T 23776和GB/T 14487的规定执行。

7.2 理化指标

7.2.1 试样制备按GB/T 8303的规定执行。

7.2.2 水分按GB 5009.3的规定检测。

7.2.3 水浸出物按GB/T 8305的规定检测。

7.2.4 总灰分按GB 5009.4的规定检测。

7.2.5 碎末茶按GB/T 8311的规定检测。

7.3 食品安全指标

7.3.1 铅GB 5009.12的规定检测。

7.3.2 六六六及滴滴涕总量按GB/T 5009.19的规定检测。

7.3.3 三氯杀螨醇铅按G/T 5009.176的规定检测。

7.3.4 氰戊菊酯、氟氰戊菊酯、氯氰菊酯和氯菊酯按GB/T 23204的规定检测。

7.3.5 溴氟菊酯按GB/T 5009.110的规定检测。

7.3.6 乙酰甲胺磷按GB/T 5009.103的规定检测。

7.3.7 杀硫磷按GB/T 500920的规定检测。

7.4 净含量检验规则

按JJF 1070的规定执行。

8 检查规则

8.1 组批

产品均以批为单位,在生产和加工过程中,通过茶叶拼配、匀堆形成的一定数量的产品为一批。同批同级茶叶品质应一致。

8.2 取样

取样应按GB/T 8302规定执行。

8.3 出厂检验

每批产品出厂前须对感官品质、水分、净含量进行检验。检验合格后由企业质量管理部门出具出厂检验报告方可出厂。

8.4 型式检验

形式检验是对产品质量进行全面考核,项目为6.2~6.5规定的全部要求,应每半年进行一次,有下列情形之一者,也应进行型式检验:

a)新产品试制鉴定;

b)原料产地或生产工艺有较大改变,可能影响产品质量时;

c)连续停产3个月后恢复生产时;

d)出厂检验结果与上次型式检验有较大差异时;

e)国家食品质量监督管理部门提出型式检验要求时。

8.5 判定规则

当出厂检验项目或型式检验项目符合本标准规定时,判定该批产品合格。当出现不符合本标准规定的项目时,应对备检样品或加倍抽取同批次样品进行不合项的复验,判定结果应以复验结果为准。

9　标志、包装、运输、贮存和保质期

9.1　标志

产品包装物上应有明显标志，食品标签应符合GB 7718的规定；包装储运图示标志应符合GB/T 191的规定。

9.2　包装

9.2.1　贮存包装：内用符合食品用的复合塑料袋或铝箔袋包装，外用纸箱或编织袋包装。

9.2.2　销售包装：应符合GB 23350和GH/T 1070的要求。

9.3　运输

运输工具应清洁卫生，防雨防晒，不得与有异气、异味及有毒物品混装混运。装运时严禁摔撞，保证产品和包装完整。装卸时应轻装轻卸，不得丢掷。运输包装应符合GH/T 1070的要求。

9.4　贮存

产品应存放在阴凉、干燥、通风、清洁卫生、避光的库房内。包装箱应离墙离地20厘米以上。产品不得与有毒有害或有异味的物品同库储存。并应符合GB/T 3375的相关规定。产品出库必须依先进先出的原则，依次出库。

9.5　保质期

在符合本标准运贮条件下，产品保质期为36个月。

（五）实训评价

根据实训结果，填写茶叶企业标准制定实训评价考核评分表（表1-6）。

表1-6　茶叶企业标准制定实训评价考核评分表

分项	内容	分数	自评分（10%）	组内互评分（10%）	组间互评分（10%）	教师评分（70%）	实际得分值
1	阅读茶叶标准文本	40分					
2	制定茶叶标准	40分					
3	综合表现	20分					
	合计	100分					

（六）作业

根据实训要求制定一项茶叶标准。

_____

_____

_____

_____

_____

_____

_____

_____

班级

_____

_____

小组

_____

_____

姓名

_____

_____

实训测评页

（七）拓展任务

根据以下文件要求，尝试为某企业某卷曲形绿茶制定地方标准。可参考项目预案中《红宝石红茶》标准。

贵州地方标准编制说明

①工作简况。包括任务来源、协作单位、主要工作过程、主要起草人及其所做的工作等；

②标准编制原则和主要参考依据；

③标准内容编制说明（对标准每项技术内容确定依据做出说明，包括引用参照的标准，科学技术成果，试验统计数据），修订标准时，应增列新旧标准水平的对比；

④标准验证的情况；

⑤技术经济论证，预期的经济效果；

⑥采用国际标准和国外先进标准的程度，以及与国际标准、国外同类标准水平的对比情况，或与测试的国外样品、样机的有关数据对比情况；

⑦与有关的现行法律、法规和强制性国家标准的关系；

⑧重大分歧意见的处理经过和依据；

⑨贯彻标准的措施建议（包括标准性质是强制性或推荐性标准实施时间建议；组织技术措施和过渡办法等内容）；

⑩废止现行有关标准的建议；

⑪其他应予说明的事项。

（八）学习反思

模块二　中级茶叶审评技能要求

项目一　茶叶感官审评术语

评茶术语是记述茶叶品质感官检定结果的专业性用语，简称评语。可分为两类：一类是属于褒义词，用来指出产品的品质优点或特点的，如外形的细紧、细嫩、紧秀圆结、挺直尖削、重实、匀齐等。香气的芳香持久，清香、嫩香、花香、毫香等，滋味的浓强、鲜爽、醇厚等，汤色的清澈、红艳，叶底的嫩匀、厚实、明亮等；另一类属于贬义词，用来指出品质缺点的，如外形的松散、短碎、轻飘、花杂、脱档，香气的低闷、粗青、烟气、异气，滋味的淡薄、苦涩、粗钝，汤色的深浅、混浊，叶底的粗老、瘦薄、暗褐等。

评茶术语有的只能专用于一种茶类，有的则可通用于几种茶类，如香气"鲜灵"只宜于茉莉花茶；"清香"适用于绿茶而不宜用于红茶；滋味"鲜浓"则可用于多种茶类，等等。

评茶术语有的只能用于一项品质因子，有的则可相互通用。如"醇厚""醇和"只适用于滋味，"柔嫩"只能用于叶底而不能用于外形，而"细嫩"则可通用。

评茶术语有的对某种茶属褒义词，而对另一种茶则属贬义词，如条索"卷曲"，对碧螺春、都匀毛尖等茶都是应有的品质特征，但对白毫银针、湄潭翠芽等则属缺点，又如"扁直"对西湖龙井、湄潭翠芽都是应有的品质特征，但对其他红绿茶则属缺点，"焦香""陈香""松烟香"对一般茶类均属缺点，但威宁烤茶又必须具有焦香，普洱茶和六堡茶的陈香味为其茶类特征，小种红茶以具有松烟香味为特点。因此在使用评语时既要对照实物标准样来正确评比，又要根据各种茶类的品质特点结合长期评茶工作中形成的经验标准来做出正确的结论。

我国茶类多，花色品种丰富，各类茶各种工艺、各种机具、各地产品、各个等级品质状况极为复杂多变，注释评语是项艰巨工作，要想得到非常完整、完全统一的评语是较为困难的。现将常用评语初步加以整理、归类和注释，供选用参考和研究。

任务一　茶叶审评通用术语

（一）干茶形状

显毫：茸毛含量较多。同义词：茸毛显露。茶毫由少到多排序：多毫、显毫、披毫。

锋苗：芽叶细嫩，紧卷而有尖锋。

身骨：茶身轻重。

重实：身骨重，茶在手中有沉重感。

轻飘：身骨轻，茶在手中分量很轻。

匀净：匀齐而洁净，不含梗朴及其他夹杂物。

匀整、匀齐、匀称：上中下三段茶的粗细、长短、大小较一致，比例适当，无脱档现象。

脱档：上下段茶多，中段茶少；或上段茶少，下段茶多，三段茶比例不当。

挺直：茶条不曲不弯。

弯曲、钩曲：不直，呈钩状或弓状。

平伏：茶叶在盘中相互紧贴，无松起架空现象。

紧结：卷紧而结实。紧压茶压制密度高。

紧直：茶条卷紧而直。

紧实：茶条卷紧，身骨较重实。紧压茶压制密度适度。

肥壮、硕壮：芽叶肥嫩身骨重。

壮实：尚肥大，身骨较重实。

粗实：嫩度较差，形粗大而尚重实。

粗松：嫩度差，形状粗大而松散。

松条、松泡：茶条卷紧度较差。

卷曲：茶条紧卷呈螺旋状或环状。

盘花：先将茶叶加工揉捻成条形再炒制成圆形或者椭圆形的颗粒。

细圆：颗粒细小圆紧，嫩度好，身骨重实。

圆结：颗粒圆而紧结重实。

圆整：颗粒圆而整齐。

圆实：颗粒圆而稍大，身骨较重实。

粗圆：茶叶嫩度差、颗粒稍粗大而呈圆形。

圆直、浑直：茶条圆浑而挺直。

浑圆：茶条圆而紧结一致。

团块：颗粒大如蚕豆或荔枝核，多数为嫩芽叶黏结而成，为条形茶或圆形茶中加工有缺陷的干茶外形。

扁块：结成扁圆形或不规则圆形带扁的团块。

扁条：条形扁，欠圆浑。

扁直：扁平挺直。

松扁：茶条不紧而呈平扁状。

肥直：芽头肥壮挺直。

粗大：比正常规格大的茶。

细小：比正常规格小的茶。

短钝、短秃：茶条折断，无锋苗。如某些一级普洱熟茶散茶或某些出口眉茶。

短碎：面张条短，下段茶多，欠匀整。

松碎：条松而短碎。

下脚重：下段中最小的筛号茶过多。

爆点：干茶上的突起泡点。

破口：折、切断口痕迹显露。

老嫩不匀：成熟叶与嫩叶混杂，条形与嫩度、叶色不一致。

（二）干茶色泽

乌润：乌而油润。此术语适用于黑茶、红茶和乌龙茶干茶色泽。

油润：干茶色泽鲜活，光泽好。

光洁：条形茶表面平结，尚油润发亮。

枯燥：色泽干枯无光泽。

枯暗：色泽枯燥发暗。

枯红：色红而枯燥。一般用于乌龙茶时，多为"死青""闷青"发酵过度等而形成的品质弊病。

调匀：叶色均匀一致。

花杂：叶色不一，形状不一或多梗、朴等茶类夹杂物。此术语也适用于叶底。

绿褐：绿中带褐。

青褐：褐中带青。一般此术语适用于黄茶和乌龙茶干茶色泽，以及压制茶干茶和叶底的色泽。

黄褐：褐中带黄。一般此术语适用于黄茶和乌龙茶干茶的色泽，以及压制茶干茶和叶底的色泽。

灰褐：色褐带灰。

棕褐：褐中带棕，常用于康砖、金尖茶的干茶和叶底色泽。也适用于红茶干茶色泽。

翠绿：绿中显青翠。

嫩黄：金黄中泛出嫩白色，为白化叶类茶、黄茶等干茶、汤色和叶底特有色泽。

黄绿：以绿为主，绿中带黄。

绿黄：以黄为主，黄中泛绿。

灰绿：叶面色泽绿而稍带灰白色。为加工正常、品质较好之白牡丹，贡眉外形色泽；也为炒青绿茶长时间炒干所形成的色泽。

墨绿、乌绿、苍绿：色泽浓绿泛乌有光泽。

暗绿：色泽绿而发暗，无光泽，品质次于乌绿。

花青：普洱熟茶色泽红褐中带有青条，是渥堆不匀或拼配不一致而造成。也适用于红茶发酵不足、乌龙茶做青不匀而形成的干茶或叶底色泽。

（三）汤色

清澈：清净、透明、光亮、无沉淀物。

鲜明：新鲜明亮。

鲜艳：鲜明艳丽，清澈明亮。

明亮：茶汤清净透亮。也用于叶底色泽有光泽。

深：茶汤颜色深。

浅：茶汤色浅似水。

浅黄：黄色较浅。此术语适用于白茶、黄茶和高档茉莉花茶汤色。

黄亮：黄而明亮，有深浅之分。此术语适用于黄茶和白茶的汤色以及黄茶叶底色泽。

橙黄：黄中微泛红，似枯黄色，有深浅之分。此术语适用于黄茶、压制茶、白茶和乌龙茶汤色。

橙红：红中泛橙色。常用于青砖、紧茶等汤色。也适用于重做青乌龙茶汤色。

深红：红较深。适用于普洱熟茶和红茶汤色。

暗：茶汤不透亮。此术语也适用于叶底，指叶色暗沉无光泽。

红暗：红而深暗。

黄暗：黄而深暗。

青暗：色青而暗。为品质有缺陷的绿茶汤色，也用于品质有缺陷的绿茶、压制茶的叶底色泽。

混浊：茶汤中有大量悬浮物，透明度差。

沉淀物：茶汤中沉于碗底的物质。

（四）香气

高香：茶香优而强烈。

馥郁：香气幽雅丰富，芬芳持久。

浓郁：香气丰富，芬芳持久。

鲜爽：香气新鲜愉悦。一般此术语适用于绿茶、红茶的香气以及绿茶、红茶和乌龙茶的滋味。也用于高档茉莉花茶滋味新鲜爽口，味中仍有浓郁的鲜花香。

嫩香：嫩茶所特有的愉悦细腻的香气。一般此术语适用于原料嫩度好的黄茶、绿茶、白茶和红茶香气。

鲜嫩：鲜爽而带嫩香。一般此术语适用于绿茶和红茶的香气。

清香：清新纯净。一般此术语适用于绿茶和轻做青乌龙茶的香气。

清鲜：清香鲜爽。一般此术语也适用于黄茶、绿茶、白茶和轻做青乌龙茶的香气。

清高：清香高而持久，一般此术语适用于绿茶、黄茶和轻做青乌龙茶的香气。

清长：清香而纯正、持久。

清纯：香清而纯正，持久度不如清鲜。一般此术语适用于黄茶、绿茶、乌龙茶和白茶香气。

板栗香：似熟栗子香。一般此术语适用于绿茶和黄茶香气。

花香：似鲜花的香气，新鲜悦鼻，多用于优质乌龙茶、红茶之品种香，或乌龙茶做青适度的香气。

花蜜香：花香中带有蜜糖香味。

果香：浓郁的果实熟透的香气。

甜香：香高有甜感。一般此术语适用于绿茶、黄茶、乌龙茶和红茶香气。

木香：茶叶粗老或冬茶后期，梗叶木质化，香气中带纤维气味和甜感。

地域香：特殊地域、土质栽培的茶树，其鲜叶加工后会产生特有香气，如岩香，高山香等。

松烟香：带有松脂烟香。一般此术语适用于黄茶、黑茶和小种红茶香气。

陈香：茶质好，保存得当，陈化后具备的愉悦的香气，无杂、霉气。

毫香：白毫显露的嫩芽叶所具有的香气。

纯正：茶香纯净正常。

平正：茶香平淡，但无异杂气。

足火香：干燥充分，火功饱满。

焦糖香：干燥充分，火功高带有糖香。

日晒气：茶叶受太阳光照射后，带有日光味。

闷气：沉闷不爽。

低：低微，但无粗气。

高火：似锅巴香。茶叶干燥过程中温度高或时间长而产生，稍高于正常火功。

老火：茶叶干燥过程中温度过高，或时间过长而产生的似烤黄锅巴香，程度重于高火。

焦气：有较重的焦煳气，程度重于老火。

青气：带有青草或青叶气息。

钝浊：滞钝、混杂不爽。

青浊气：气味不清爽，多为雨水青、杀青未杀透或做青不当而产生的青气和浊气。

粗气：粗老叶的气息。

粗短气：香短，带粗老气。

陈气：茶叶存放中失去新茶香气，呈现出不愉快的类似油脂氧化的气息。

失风：失去正常的香气特征但程度轻于陈气。多由于干燥后茶叶干燥时间太长，茶暴露于空气中，或保管时未密封，茶叶吸潮引起。

酸气、馊气：茶叶含水量高、加工不当、变质所出现的不正常气味。馊气程度重于酸气。

劣异气：茶叶加工或贮存不当产生的劣变气息或污染外来物质所产生的气息。如烟、焦、酸、馊、霉或其他异杂气。

（五）滋味

浓：内含物丰富，收敛性强。

厚：内含物丰富，有黏稠感。

醇：浓淡适中，口感柔和。

滑：茶汤入口和吞咽后顺滑，无粗糙感。

涩：茶汤入口后，有麻嘴厚舌的感觉。

苦：入口即有苦味，后味更苦。

浊：口感不顺，茶汤中似有胶状悬浮物或有杂质。

回甘：茶汤饮后在舌根和喉部有甜感，并有滋润的感觉。

浓厚：入口浓，收敛性强，回味有黏稠感。

醇厚：入口爽适，回味有黏稠感。

浓醇：入口浓有收敛性，回味爽适。

鲜醇：鲜洁醇爽。

甘鲜：鲜洁有甜感。此术语适用于黄茶、乌龙茶和条红茶滋味。

甘醇：醇而回甘。一般此术语适用于黄茶、乌龙茶、白茶和条红茶滋味。

甘滑：滑中带甘。

甜醇：入口即有甜感，爽适柔和。

甜爽：爽口而有甜感。

醇爽：醇而鲜爽。适用于芽叶较肥嫩的黄茶、绿茶、白茶和条红茶的滋味。

陈醇：茶质好，保存得当，陈化后具有的愉悦柔和的滋味，无杂、霉味。

醇正：浓度适当，正常无异味。

醇和：醇而和淡。刺激性比醇正弱而比平和强。

平和：茶味和淡，无粗味。

淡薄、和淡、平淡：入口稍有茶味，无回味。

高山韵：高山茶所特有的香气清高细腻，滋味丰厚饱满的综合体现。

丛韵：单株茶树所体现的特有的香气和滋味，多为凤凰单丛茶、武夷名丛或普洱大茶树之风味特征。

粗味：粗糙滞钝，带木质感。

青涩：涩而带有生青味。

青味：青草气味。

青浊味：茶汤不清爽，带青味和浊味，多为雨水青，晒青、做青不足或杀青不匀不透而产生。

熟闷味：茶汤入口不爽，带有蒸熟或闷熟味。

闷黄味：茶汤有闷黄软熟的气味，多为杀青叶闷堆未及时摊开，揉捻时间偏长或包揉叶温过高、定型时间偏长而引起。

淡水味：茶汤浓度感不足，淡薄如水。

高火味：茶叶干燥过程中温度高或时间长而产生的微带烤黄的锅巴味。

老火味：茶叶干燥过程中温度过高或时间过长而产生的似烤黄锅巴味、火气程度重于高火味。

焦味：茶汤带有较重的焦煳味，火气程度重于老火味。

辛味：普洱茶原料多为夏暑雨水叶，因渥堆不足或无后熟陈化而产生的辛辣味。

陈味：茶叶存放过程中失去新茶香味，呈现不愉快的类似油脂氧化变质的味道。

　　杂味：滋味混杂不清爽。

　　霉味：茶叶存放过程中水分过高导致真菌生长所散发出的气味。

　　劣异味：茶叶加工或贮存不当产生的劣变味或污染外来物质所产生的味感，如烟、焦、酸、馊、霉或其他异杂味。使用时应指明属何种劣异味。

（六）叶底

　　鲜亮：鲜艳明亮。

　　细嫩：芽头多或叶子细小嫩软。

　　柔嫩：嫩而柔软。

　　软亮：嫩度适当或稍嫩，叶质柔软，按后伏贴盘底，叶色明亮。

　　肥嫩：芽头肥壮，叶质柔软厚实。此术语适用子绿茶、黄茶、白茶和红茶叶底嫩度。

　　肥亮：叶肉肥厚，叶色透明发亮。

　　柔软：手按如绵，按后伏贴盘底。

　　匀：老嫩、大小、厚薄、整碎或色泽等均匀一致。

　　杂：老嫩、大小、厚薄、整碎或色泽等不一致。

　　嫩匀：芽叶嫩而柔软，匀齐一致。

　　肥厚：芽或叶肥壮，叶肉厚，叶脉不露。

　　开展、舒展：叶张展开，叶质柔软。

　　摊张：老叶摊开。

　　青张：夹杂青色叶片。

　　乌条：乌暗而不开展。

　　粗老：叶质粗硬，叶脉显露。

　　皱缩：叶质老，叶面卷缩起皱纹。

　　瘦薄：芽头瘦小，叶张单薄少肉。

　　硬：叶质较硬。

　　破碎：断碎、破碎叶片多。

　　暗杂：叶色暗沉、老嫩不一。

　　硬杂：叶质粗老、坚硬、多梗、色泽驳杂。

　　焦斑：叶张边缘、叶面或叶背有局部黑色或黄色烧伤斑痕。

任务二　绿茶及绿茶坯花茶审评术语

（一）绿茶及绿茶坯花茶干茶形状

雀舌：细嫩芽头略扁，形似小鸟舌头。

兰花形：一芽二叶自然舒展，形似兰花。

凤羽形：芽叶有夹角似燕尾形状。

细紧：条索细长紧卷而完整，锋苗好。此术语也适用于红茶和黄茶干茶形状。

紧秀：紧细秀长，显锋苗。此术语也适用于高档条红茶干茶形状。

纤细：条索细紧如铜丝。为芽叶特别细小的高档绿茶干茶形状。

挺秀：茶叶细嫩，造型好，挺直秀气尖削。

卷曲：呈螺旋状或环状卷曲，为高档绿茶之特殊造型。

卷曲如螺：条索卷紧后呈螺旋状，为碧螺春等卷曲形名优绿茶之造型。

细圆：颗粒细小圆紧，嫩度好，身骨重实。

圆结：颗粒圆而紧结重实。

圆整：颗粒圆而整齐。

圆实：颗粒圆而稍大，身骨较重实。

粗圆：颗粒稍粗大尚成圆。

粗扁：颗粒粗松带扁。

黄头：叶质较老，颗粒圆实，色泽露黄。

蝌蚪形：圆茶带尾，条茶一端扭曲而显粗，形似蝌蚪。

圆头：条形茶中结成圆块的茶，为条形茶中加工有缺陷的干茶外形。

扁削：扁平而尖锋显露，扁茶边缘如刀削过一样齐整，不起丝毫皱褶，多为高档扁形茶外形特征。

尖削：扁削而如剑锋。

扁平：扁形茶外形扁且平直。

光滑：茶条表面平洁油滑，光润发亮。

光扁：扁平光滑，多为高档扁形茶之外形。

光洁：茶条表面平洁，尚油润发亮。

紧条：扁形茶扁条过紧，不平坦。

狭长条：扁形茶扁条过窄、过长。

宽条：扁形茶扁条过宽。

折叠：叶张不平呈皱叠状。

宽皱：扁形茶扁条折皱而宽松。

浑条：扁形茶的茶条不扁而呈浑圆状。

学习笔记

扁瘪：叶质瘦薄少肉，扁而干瘪。

细直：细紧圆直、两端略尖，形似松针。

茸毫密布、茸毛披覆：芽叶茸毫密密地覆盖着茶条，为高档碧螺春等多茸毫绿茶之外形。

茸毫遍布：芽叶茸毫遮掩茶条，但覆盖程度低于密布。

脱毫：茸毫脱离芽叶，为碧螺春等多茸毫绿茶加工中有缺陷的干茶形状。

（二）绿茶及绿茶坯花茶干茶色泽

嫩绿：浅绿嫩黄，富有光泽。也适用于高档绿茶之汤色和叶底色泽。

嫩黄：金黄中泛出嫩白色，为高档白叶类茶如安吉白茶等干茶、叶底特有色泽，也适用于黄茶干茶、汤色及叶底色泽。

鲜绿豆色：深翠绿似新鲜绿豆色，用于恩施玉露茶等细嫩型蒸青绿茶色泽特征。

深绿：绿得较深，有光泽。

绿润：色绿，富有光泽。

起霜：茶条表面带银白色，有光泽。

银绿：白色茸毛遮掩下的茶条，银色中透出嫩绿的色泽，为茸毛显露的高档绿茶色泽特征。

糙米色：色泽嫩绿微黄，光泽度好，为高档狮峰龙井茶的色泽特征。

黄绿：以绿为主，绿中带黄。此术语也适用于汤色和叶底。

绿黄：以黄为主，黄中泛绿，比黄绿差、此术语也适用于汤色和叶底。

灰褐：色褐带灰无光泽。

露黄：面张含有少量黄朴、片及黄条。

灰黄：色黄带灰。

枯黄：色黄而枯燥。

灰暗：色深暗带死灰色。

（三）绿茶及绿茶坯花茶汤色

绿艳：汤色鲜艳，似翠绿而微黄，清澈鲜亮，为高档绿茶之汤色评语。

杏绿：浅绿微黄，清澈明亮。

碧绿：绿中带翠，清澈鲜艳。

深黄：黄色较深，为品质有缺陷的绿茶汤色。也适用于中低档茉莉花茶汤色。

红汤：汤色发红，为有缺陷绿茶的汤色。

（四）绿茶坯茉莉花茶香气

鲜灵：花香新鲜充足，一嗅即有愉快之感。为高档茉莉花茶的香气。

鲜浓：香气物质含量丰富、持久，花香浓，但新鲜悦鼻程度不如鲜灵。为中高档茉莉花茶的香气。也用于高档茉莉花茶的滋味鲜洁爽口，富收敛性，味中仍有鲜花香。

鲜纯：茶香、花香纯正、新鲜，花香浓度稍差，为中档茉莉花茶的香气。也适用于中档茉莉花茶的滋味。

幽香：花香文静、幽雅、柔和持久。

纯：花香、茶香正常，无其他异杂气。

鲜薄：香气清淡，较稀薄，用于低窨次花茶的香气。

香薄、香弱、香浮：花香短促，薄弱，浮于表面，一嗅即逝。

透素：花香薄弱，茶香突出。

透兰：茉莉花香中透露白兰花香。

香杂：花香混杂不清。

欠纯：香气夹有其他的异杂气。

（五）其他绿茶香气

其他绿茶香气术语采用香气通用术语。

（六）绿茶及绿茶坯花茶滋味

粗淡：茶味淡而粗糙，花香薄弱，为低级别茉莉花茶的滋味。

熟闷味：软熟沉闷不爽。

杂味：滋味混杂不清爽。

（七）绿茶及绿茶坯花茶叶底

红梗红叶：茎叶泛红，为绿茶品质弊病。

靛青、靛蓝：叶底中夹带蓝绿色芽叶，为紫色芽叶茶特有的叶底特征。

任务三　白茶审评术语

（一）白茶干茶形状

毫心肥壮：芽肥嫩壮大，茸毛多。
茸毛洁白：茸毛多、洁白而富有光泽。
芽叶连枝：芽叶相连成朵。
叶缘垂卷：叶面隆起，叶缘向叶背微微反卷。
平展：叶缘不垂卷而与叶面平。
破张：叶张破碎不完整。
蜡片：表面形成蜡质的老片。

（二）白茶干茶色泽

毫尖银白：茸毛银白有光泽的芽尖。
白底绿面：叶背茸毛银白色，叶面灰绿色或翠绿色。
绿叶红筋：叶面绿色，叶脉呈红黄色。
铁板色：深红而暗似铁锈色，无光泽。
铁青：似铁色带青。
青枯：叶色青绿，无光泽。

（三）白茶汤色

浅杏黄：黄带浅绿色，常为高档新鲜之白毫银针汤色。
微红：色微泛红，为鲜叶萎凋过度、产生较多红张而引起。

（四）白茶香气

毫香：茸毫含量多的茶叶加工成白茶后特有的香气。
失鲜：极不鲜爽，有时接近变质。多由白茶水分含量高，贮存过程回潮而产生的品质弊病。

（五）白茶滋味

清甜：入口感觉清新爽快，有甜味。

（六）白茶叶底

红张：萎凋过度，叶张红变。

暗张：暗黑多为雨天制茶形成死青。

铁灰绿：色深灰带绿色。

任务四 黄茶审评术语

（一）黄茶干茶形状

梗叶连枝：叶大梗长而相连。

鱼子泡：干茶上有鱼子大的突起泡点。

（二）黄茶干茶色泽

金镶玉：茶芽嫩黄、满披金色茸毛，为君山银针干茶色泽特征。

金黄光亮：芽叶色泽金黄，油润光亮。

褐黄：黄中带褐，光泽稍差。

黄青：青中带黄。

（三）黄茶汤色

杏黄：汤色黄稍带淡绿。

（四）黄茶香气

锅巴香：似锅巴的香，多为黄大茶的香气特征。

（五）黄茶滋味

甜爽：爽口而有甜味。

任务五 乌龙茶审评术语

（一）乌龙茶干茶形状

蜻蜓头：茶条叶端卷曲，紧结沉重，状如蜻蜓头。

壮结：茶条肥壮结实。

壮直：茶条肥壮挺直。

细结：颗粒细小紧结或条索卷紧细小结实。

扭曲：茶条扭曲，叶端折皱重叠，为闽北乌龙茶特有的外形特征。

尖梭：茶条长而细瘦，叶柄窄小，头尾细尖如菱形。

粽叶蒂：干茶叶柄宽、肥厚，如包粽子的箬叶的叶柄，包揉后茶叶平伏，铁观音、水仙、大叶乌龙等品种有此特征。

白心尾：驻芽有白色茸毛包裹。

叶背转：叶片水平着生的鲜叶，经揉捻后，叶面顺主脉向叶背卷曲。

（二）乌龙茶干茶色泽

砂绿：似蛙皮绿，即绿中似带砂粒点。

青绿：色绿而带青，多为雨水青、露水青或做青工艺走水不匀引起"滞青"而形成。

乌褐：色褐而泛乌，常为重做青乌龙茶或陈年乌龙茶之色泽。

褐润：色褐而富光泽，为发酵充足、品质较好之乌龙茶色泽。

鳝鱼皮色：干茶色泽砂绿蜜黄，富有光泽，似鳝鱼皮色，为水仙等品种特有色泽。

象牙色：黄中呈赤白，为黄金桂、赤叶奇兰、白叶奇兰等特有的品种色。

三节色：茶条叶柄呈青绿色或红褐色，中部呈乌绿或黄绿色，带鲜红点，叶一端呈朱砂红色或红黄相间。

红点：做青时叶中部细胞破损的地方，叶子的红边经卷曲后，都会呈现红点，以鲜红点品质为好，褐红点品质稍次。

香蕉色：叶色呈翠黄绿色，如刚成熟香蕉皮的颜色。

明胶色：干茶色泽油润有光泽。

芙蓉色：在乌润色泽上泛白色光泽，犹如覆盖一层白粉。

（三）乌龙茶汤色

蜜绿：浅绿略带黄，似蜂蜜，多为轻做青乌龙茶的汤色。

蜜黄：浅黄，似蜂蜜色。

绿金黄：金黄泛绿，为做青不足的表现。

金黄：以黄为主，微带橙黄，有淡金黄、深金黄之分。

清黄：黄而清澈，比金黄色的汤色略淡。

茶油色：茶汤金黄明亮有浓度，如茶籽压榨后的茶油颜色。

青浊：茶汤中带绿色的胶状悬浮物，为做青不足、揉捻重压而造成。

（四）乌龙茶香气

岩韵：武夷岩茶特有的地域风味，俗称"岩骨花香"，可用于滋味术语。

音韵：铁观音所特有的品种香和滋味的综合体现，可用于滋味术语。

高山韵：高山茶所特有的香气清高细腻，滋味丰韵饱满、厚而回甘的综合体现。

浓郁：浓而持久的特殊花果香。

花香：似鲜花的自然清香，新鲜悦鼻，多为优质乌龙茶之品种香和闽南乌龙茶做青充足的香气。

花蜜香：花香中带有蜜糖香味，为广东蜜兰香单丛、岭头单丛之特有品种香。

粟香：经中等火温长时间烘焙而产生的如粟米的香气。

奶香：香气清高细长，似奶香，多为成熟度稍嫩的鲜叶加工而形成。

果香：浓郁的果实熟透香气，如香橼香、水蜜桃香、椰香等。常用于闽南乌龙茶的佛手、铁观音、本山等特殊品种茶的香气；也有似干果的香气，如核桃香、桂圆香等。常用于红茶的香气。

酵香：似食品发酵时散发的香气，多由做青程度稍过度或包揉过程未及时解块散热而产生。

辛香：香高有刺激性，微青辛气味，俗称线香，为梅占等品种香。

地域香：特殊地域、上质栽培的茶树，其鲜叶加工后会产生特有的香气，如岩香、高山香等。

青浊气：气味不清爽，多为雨水青、杀青未杀透或做青不当而产生的青气和浊气。

黄闷气：闷浊气，包揉时由于叶温过高或定型时间过长闷积而产生的不良气味。也有因烘焙过程火温偏低或摊焙茶叶太厚而引起。

闷火：乌龙茶烘焙后，未适当摊晾而形成一种令人不快的火气。

硬火、猛火：烘焙火温偏高、时间偏短、摊晾时间不足即装箱而产生的火气。

馊气：轻做青时间拖得过久或湿坯堆积时间过长产生的馊酸气。

（五）乌龙茶滋味

清醇：茶汤入口爽适，清爽带甜。为闽南乌龙茶的滋味特征。

粗浓：味粗而浓。

浊：口感不顺，茶汤中似有胶状悬浮物或有杂质。

青浊味：茶汤不清爽，带青味和浊味，多为雨水青、晒青、做青不足或杀青不匀不透而产生。

苦涩味：茶味苦中带涩，多为鲜叶幼嫩，萎凋、做青不当或是夏暑茶而引起。

闷黄味：茶汤有闷黄软熟的气味，多为杀青叶闷堆未及时摊开，揉捻时间偏长或包揉叶温过高、定型时间偏长而引起。

水味：茶汤浓度感不足，淡薄如水。

酵味：晒青不当造成灼伤或做青过度而产生的不良气味，汤色常泛红，叶底夹杂有暗红张。

（六）乌龙茶叶底

肥亮：叶肉肥厚，叶色明亮。

软亮：嫩度适当或稍嫩，叶质柔软，按后伏贴盘底，叶色明亮。

红镶边：做青适度，叶边缘呈鲜红或珠红色，叶中央黄亮或绿亮。

绸缎面：叶肥厚有绸缎花纹，手摸柔滑有韧性。

滑面：叶肥厚，叶面平滑无波状。

白龙筋：叶背叶脉泛白，浮起明显，叶张软。

红筋：叶柄、叶脉受损伤，发酵泛红。

糟红：发酵不正常和过度，叶底褐红，红筋红叶多。

暗红张：叶张发红而无光泽，多为晒青不当造成灼伤、发酵过度而产生。

死红张：叶张发红，夹杂伤红叶片，为采摘、运送茶青时人为损伤和闷积茶青或晒青、做青不当而产生。

任务六　红茶审评术语

（一）红茶干茶形状

金毫：嫩芽带金黄色茸毫。

紧卷：碎茶颗粒卷得很紧。

折皱片：颗粒卷得不紧，边缘折皱，为红碎茶中片茶的形状。

毛衣：呈红丝状的茎梗皮、叶脉等，红碎茶中含量较多。

毛糙：形状大小，粗细不匀，有毛衣、筋皮。

粗大：比正常规格大的茶。

粗壮：条粗大而壮实。

细小：比正常规格小的茶。

茎皮：嫩茎和梗揉碎的皮。

（二）红茶干茶色泽

灰枯：色灰而枯燥。

（三）红茶汤色

红艳：茶汤红浓，金圈厚而金黄，鲜艳明亮。

红亮：红而透明光亮。此术语也适用于叶底色泽。

红明：红而透明，亮度次于"红亮"。

浅红：红而淡，深度不足。

冷后浑：茶汤冷却后出现浅褐色或橙色乳状的浑浊现象，为优质红茶象征之一。

姜黄：红碎茶茶汤加牛奶后，呈姜黄色。

粉红：红碎茶茶汤加牛奶后，呈明亮玫瑰红色。

灰白：红碎茶茶汤加牛奶后，呈灰暗混浊的乳白色。

浑浊：茶汤中悬浮较多破碎叶组织微粒及胶体物质，常由萎凋不足，揉捻、发酵过度形成。

（四）红茶香气

鲜甜：鲜爽带甜感。此术语也适用于滋味。

高锐：香气高而集中，持久。

甜纯：香气纯而不高，但有甜感。

麦芽香：干燥得当，带有麦芽糖香。

桂圆干香：似干桂圆的香。

祁门香：鲜嫩甜香，似蜜糖香，为祁门红茶的香气特征。

浓顺：松烟香浓而和顺，不呛喉鼻。为武夷山小种红茶香味特征。

（五）红茶滋味

浓强：茶味浓厚，刺激性强。

浓甜：味浓而带甜，富有刺激性。

浓涩：富有刺激性，但带涩味，鲜爽度较差。

桂圆汤味：茶汤似桂圆汤味。为武夷山小种红茶滋味特征。

（六）红茶叶底

红匀：红色深淡一致。

紫铜色：色泽明亮，黄铜色中带有紫。

红暗：叶底红而深，反光差。

花青：红茶发酵不足，带有青条、青张。

乌暗：似成熟的栗子壳色，不明亮。

古铜色：色泽红较深，稍带青褐色。为武夷山小种红茶的叶底色泽。

任务七　黑茶审评术语

（一）黑茶干茶形状

泥鳅条：茶条圆直较大，状如泥鳅。

折叠条：茶条折皱重叠。

宿梗：老化的隔年茶梗。

红梗：表皮棕红色的木质化茶梗。

青梗：表皮青绿色比红梗较嫩的茶梗。

（二）黑茶干茶色泽

半筒黄：色泽花杂，叶尖黑色，柄端黄黑色。

猪肝色：红而带暗，似猪肝色。为普洱熟茶渥堆适度的干茶色泽。也适用于叶底色泽。

褐红：红中带褐，为普洱熟茶渥堆正常的干茶色泽，发酵程度略高于猪肝色，也适用于叶底色泽。

红褐：褐中带红，为普洱熟茶、陈年六堡茶正常的干茶及叶底色泽。

黑褐：褐中带黑，常用于黑砖、花砖和特制茯砖的干茶和叶底色泽，也用于普洱茶因渥堆过度导致碳化，而呈现出的干茶和叶底色泽。

褐黑：黑中带褐。为陈年六堡茶的正常干茶及叶底色泽，比黑褐色深。

铁黑：色黑似铁。

青黄：黄中泛青，为原料后发酵不足所致。

（三）黑茶汤色

棕红：红中泛棕，似咖啡色。

棕黄：黄中泛棕。常用于茯砖、黑砖等汤色。

栗红：红中带深棕色。也适用于陈年普洱生茶的叶底色泽。

栗褐：褐中带深棕色，似成熟栗壳色。也适用于普洱熟茶的叶底色泽。

紫红：红中泛紫，为陈年六堡茶或紫鹃品种普洱茶的汤色特征。

（四）黑茶香气

粗青气：粗老叶的气息与青叶气息，为粗老晒青毛茶杀青不足所致。

毛火气：晒青毛茶中带有类似烘炒青绿茶的烘炒香。

堆味：黑茶渥堆发酵产生的气味。

（五）黑茶滋味

陈韵：优质陈年黑茶特有甘滑醇厚滋味的综合体现。

陈厚：经充分渥堆、陈化后，香气纯正，滋味甘而显果味，多为南路边茶之滋味特征。

闷馊味：多为普洱茶渥堆过程湿水重，堆温不起造成的劣杂味。

仓味：普洱茶后熟陈化工序没有结束或储存不当而产生的杂味。

（六）黑茶、紧压茶叶底

黄黑：黑中带黄。

任务八　紧压茶审评术语

（一）紧压茶干茶形状

扁平四方体：茶条经正方形磨具压制后呈扁平状，四个棱角整齐呈方形。如漳平水仙小茶砖、普洱茶生茶小茶砖等紧压茶特色造型。

端正：紧压茶形态完整，砖形茶砖面平整，棱角分明。

纹理清晰：紧压茶表面花纹、商标、文字等标记清晰。

起层：紧压茶表层翘起而未脱落。

落面：紧压茶表层有部分茶脱落。

脱面：紧压茶的盖面脱落。

紧度适合：压制松紧适度。

平滑：紧压茶表面平整，无起层落面或茶梗突出现象。

金花：冠突散囊菌的金黄色孢子。

斧头形：砖身一端厚、一端薄，形似斧头。

缺口：砖茶、饼茶等边缘有残缺现象。

包心外露：里茶外露于表面。

龟裂：紧压茶表面有裂缝现象。

烧心：紧压茶中心部分发昭、发黑或发红。烧心砖多发生霉变。

断甑：金尖中间断落，不成整块。

泡松：紧压茶因压制不紧结而呈现出松而易散形状。

歪扭：沱茶碗口处不端正。歪即碗口部分厚薄不匀，压茶机压轴中心未在沱茶正中心，碗口不平；一边高一边低。

通洞：因压力过大，使紧压茶撒面正中心出现孔洞。

掉把：特指蘑菇状紧茶因加工或包装等技术操作不当，使紧茶的柄掉落。

铁饼：茶饼紧硬，表面茶叶条索模糊。

泥鳅边：饼茶边沿圆滑，状如泥鳅背。

刀口边：饼茶边沿薄锐，状如钝刀口。

（二）紧压茶干茶色泽

饼面银白：以满披白毫的嫩芽压成圆饼，表面呈银白色。

饼面黄褐带细毫尖：以贡眉为原料压制成饼后的色泽。

饼面深褐带黄片：以寿眉等为原料压制成饼后的色泽。

（三）紧压茶香气

菌花香、金花香：茯砖发花正常茂盛所发出的特殊香气。

槟榔香：六堡茶贮存陈化后产生的一种似槟榔的香气。

任务九　茶叶感官审评常用名词和虚词

（一）常用名词

芽头：未发育成茎叶的嫩尖，质地柔软。

茎：尚未木质化的嫩梢。

梗：着生芽叶的已显木质化的茎一般指当年青梗。

筋：脱去叶肉的叶柄、叶脉部分。同义词：毛衣。

碎：呈颗粒状细而短的断碎芽叶。

夹片：呈折叠状的扁片。

单张：单片叶子。

片：破碎的细小轻薄片。

末：细小呈砂粒状或粉末状。

朴：叶质稍粗老或揉捻不成条，呈折叠状的扁片。

红梗：梗子呈红色。

红筋：叶脉呈红色。

红叶：叶片呈红色。

渥红：鲜叶堆放中，叶温升高而红变。

丝瓜瓤：黑茶加工中常因鲜叶堆放过高、时间过长、堆温升高致鲜叶变色，经揉制，后发酵，叶肉与叶脉分离，只留下叶脉的网络，形成丝瓜瓤。

麻梗：隔年老梗，粗老梗，麻白色。

剥皮梗：在揉捻过程中，脱了皮的梗。

绿苔：新梢的绿色嫩梗。

上段：经摇样盘后，上层较轻、松、长大的茶叶。也称面装或面张。

中段：经摇样盘后，集中在中层较细紧、重实的茶叶，也称中档或腰档。

下段：经摇样盘后，沉积于底层细小的碎茶或粉末，也称下身或下盘。

中和性：香气不突出的茶叶适于拼和。

（二）常用虚词

相当：两者相比，品质水平一致或基本相符。

接近：两者相比，品质水平差距甚小或某项因子略差。

稍高：两者相比，品质水平稍好或某项因子稍高。

稍低：两者相比，品质水平稍差或某项因子稍低。

较高：两者相比，品质水平较好或某项因子较高，其程度大于稍高。

较低：两者相比，品质水平较差或某项因子较差，其程度大于稍低。

高：两者相比，品质水平明显的好或某项因子明显的好。

低：两者相比，品质水平差距大、明显的差或某项因子明显的差。

强：两者相比，其品质总水平要好些。

弱：两者相比，其品质总水平要差些。

微：在某种程度上很轻微时用。

稍或略：某种程度不深时用。

较：两者相比，有一定差距，其程度大于稍或略。

欠：在规格上或某种程度上不够要求，且差距较大时用。用在褒义词前。

尚：某种程度有些不足，但基本接近时用。用在褒义词前。

有：表示某些方面存在。

显：表示某些方面比较突出。

项目二　六大基本茶类审评

　　我国生产的茶叶可分为绿茶、白茶、黄茶、青茶（乌龙茶）、红茶和黑茶六大基本茶类和再加工茶类，各类茶均有各自的品质特征。制法不同，使鲜叶中的主要化学成分特别是多酚类中的一些儿茶素发生不同程度的酶性或非酶性的氧化，其氧化产物的性质也不同。绿茶、黄茶和黑茶类在初制中，都先通过高温杀青，破坏鲜叶中的酶活性，制止了多酚类的酶促氧化，从而形成绿茶清汤绿叶的特征；黄茶和黑茶初制过程中，通过闷黄或渥堆工序使多酚类产生不同程度的非酶性氧化，黄茶形成黄汤黄叶，黑茶则干茶油黑、汤色呈橙黄。相反，红茶、青茶和白茶类，在初制过程中，都先通过萎凋，为促进多酚类的酶促氧化准备条件。红茶继而经过揉捻或揉切、发酵和干燥，形成红汤红叶。青茶又进行做青，使叶子边缘的细胞组织破坏，多酚类与酶接触发生氧化，再经炒青固定氧化和未氧化的物质，形成具有汤色金黄和绿叶红边的特征。白茶经长时间萎凋后干燥，多酚类缓慢地发生酶性氧化，形成白色芽毫多，汤嫩黄、毫香毫味显的特征。

　　本项目旨在学习和掌握各大茶类的审评方法和品质特征，各茶类审评现场如图2-1所示。

图2-1　审评现场

（扫码观看微课视频）

绿茶品质特征（理论）（上）

绿茶品质特征（理论）（下）

学习笔记

任务一   绿茶审评

（一）任务要求

　　了解绿茶的分类，掌握绿茶品质的感官审评指标，掌握绿茶的感官审评方法。

（二）背景知识及分析

1. 绿茶的分类
绿茶分类如表2-1所示。

表2-1   绿茶的分类

	蒸青绿茶	日本煎茶、湖北恩施玉露茶等
	晒青绿茶	滇青、川青、陕青等
绿茶	炒青绿茶	长炒青（特珍、眉茶等）
		圆炒青（绿宝石茶、珠茶等）
		扁炒青（龙井、湄潭翠芽等）
		卷曲炒青（都匀毛尖、碧螺春等）
	烘青绿茶	黄山毛峰、太平猴魁、遵义毛峰等

2. 绿茶的加工
绿茶加工现场如图2-2所示，其加工流程：

鲜叶 → 摊凉 → 杀青 → 揉捻 → 干燥

图2-2   绿茶加工现场

（1）摊凉　摊凉（图2-3）是茶叶加工第一道工序，也是很重要的一道工序，对茶叶品质影响较大，应该高度重视。鲜叶摊放目的：散失水分；促进内含物转化；散失青臭气，逐渐形成清香气。

图2-3　摊凉

（2）杀青　杀青是绿茶加工的关键和特征性工序，对绿茶品质起重要作用。杀青目的：破坏酶活性，抑制酶促反应，保持"三绿"的特征（包括干茶绿、汤色绿、叶底绿）；散失水分，有利后续加工；发展香气，散发青臭气。

（3）揉捻　揉捻是条形绿茶塑造条状外形的一道工序，并对提高成品茶滋味有重要作用。揉捻目的：适当破碎叶细胞，使茶汁溢出，有利于冲泡；紧结茶条，使外形美观，具有商品和观赏价值。

（4）干燥　干燥的目的是继续蒸发水分，紧结条索，便于贮运，透发香气，增进色泽。

干燥技术包括：

①烘二青：如果用烘干机烘二青，机温控制在110~120℃。烘后的茶叶要摊放1h，使叶子回潮后再炒三青。二青叶的含水率35%~45%为宜。

②炒三青：用锅式炒干机炒三青，每锅投叶量为7~10kg二青叶，锅温100~110℃为宜。一般炒三青需时25~30min，待筒内水蒸气有沙沙响声，手捏茶条不断碎，有触手感，条索紧卷，色泽乌绿，即可起锅。

③足火：方法同烘二青，烘到含水量5%~6%，手捏成粉状，即干燥完成。

现代化绿茶生产线见图2-4。

图2-4　现代化绿茶生产线

3. 绿茶的审评

名优绿茶审评因子包括：茶叶的外形、汤色、香气、滋味和叶底"五项因子"。

大宗绿茶（精制茶）审评因子包括：茶叶外形的形态、色泽、匀整度和净度，内质的汤色、香气、滋味和叶底"八项因子"。

名优绿茶是指有一定知名度，造型有特色，色泽鲜活，内质香味独特，品质优异的绿茶，一般采摘和加工较为精细，产量相对较小。目前市场上较常见的、具有一定代表性的传统名优绿茶有西湖龙井茶、洞庭碧螺春茶、黄山毛峰茶、都匀毛尖、湄潭翠芽等。大宗绿茶（精制茶）是指普通的炒青、烘青、晒青、蒸青绿茶，大多以机械制造，产量较大，品质以中、低档为主。大宗绿茶根据鲜叶原料的嫩度不同，由嫩到老，划分级别，一般设置一级至六级六个级别，品质由高到低。

名优绿茶审评因子的审评要素应包括以下几项。外形审评：干茶的形状、嫩度、色泽、匀整度、净度等；汤色审评：茶汤的颜色种类与色度、明暗度、清浊度等；香气审评：香气的类型、浓度、纯异、持久性等；滋味审评：茶汤的浓淡、厚薄、醇涩、纯异和鲜钝等；叶底审评：叶底的嫩度、色泽、明暗度、匀整度等。

各类绿茶的审评要点如下。

（1）眉茶审评　眉茶形状顾名思义，条索应似眉毛的形状，这是决定其外形规格的主要因子。

外形条索评比松紧、粗细、长短、轻重、空实、有无锋苗。以紧结圆直、完整重实，有锋苗者为好；条索不圆浑，紧中带扁、短秃者次之；条索松扁、弯曲、轻飘者品质差。

色泽比颜色、枯润、匀杂。眉茶以绿润起霜者为好，色黄枯暗者差。

整碎比面张、中段、下盘茶。这三段茶的老嫩、条索松紧、粗细、长短和拼配比例适当者为匀正或匀齐。珍眉绿茶忌下盘茶过多。

净度看梗、筋、片、朴的含量，净度对外形、条索、色泽及内质叶底的嫩匀度、香气、滋味等有不同程度的影响。净度差者条松色黄、叶底花杂、老嫩不匀、香味欠纯。

汤色比亮暗、清浊，以黄绿清澈明亮者为好，深黄次之，橙红暗浊为差。

香气比纯度、高低、长短，以香纯透清香或熟板栗香高长者为好，而烟焦及其他异味者为劣。

滋味比浓淡、醇苦、爽涩，以浓醇鲜爽回味带甜者为上品，浓而不爽者为中品，淡薄、粗涩者为下品，其他异杂味者为劣品。

叶底比嫩度和色泽。嫩度比芽头有无、多少，叶张柔硬、厚薄，以芽多叶柔软、厚实、嫩匀者为好，反之则差。色泽比亮暗、匀杂，以嫩绿匀亮者为好，色暗花杂者为差。

（2）珠茶审评　珠茶外形看颗粒、匀整、色泽和净度。

颗粒比圆紧度、轻重、空实。要求颗粒紧结、滚圆如珠、匀整重实，颗粒粗大或朴块状，空松者差。匀整指各段茶拼配匀称。色泽比润枯、匀杂。以墨绿光润为好，乌暗晦滞者差。

内质比汤色、香气、滋味和叶底。汤色比颜色、深浅、亮暗。以黄绿明亮为好，深黄发暗沉淀物多，新茶近似陈茶者差。香味比纯度、浓度。以香高味醇和者为好，香低味淡为次，香味欠纯带烟气闷气熟味者为差。

叶底评比嫩度和色泽。嫩度比芽头与叶张匀整，以有盘花芽叶或芽头嫩张比重大者好，大叶、老叶张、摊张比重大者差。叶底色泽评比与眉茶基本相同，但比眉茶色稍黄属正常。

（3）蒸青绿茶审评　目前我国蒸青绿茶有恩施玉露和普通蒸青两种。前者保留了我国传统蒸青绿茶制法，外形如松针，紧细、挺直、匀正，色泽绿润，香清持久，味醇爽口，属名茶规格。普通蒸青色泽品质要具备三绿，即干茶绿、汤色绿、叶底绿。高档茶条索紧、伸长挺直呈针状，匀称有锋苗，一般茶条紧结挺直带扁状，色泽鲜绿或黑绿有光泽。日本蒸青绿茶有玉露、煎茶和碾茶等。

蒸青绿茶外形评比色泽和形状，色泽比颜色、鲜暗、匀花。以浓翠调匀者好，黄暗、花杂者为差。形状比条形和松紧、匀整、轻重、芽尖的多少。条形要细长圆形。紧结重实、挺直、匀整，芽尖显露完整的好；条形折皱、弯曲、松扁的次之；外形断碎，下盘茶多的差。内质比汤色、香气和滋味。汤色比颜色、亮暗、清浊。高级茶浅金黄色泛绿，清澈明亮；中级茶浅黄绿色；色泽深黄、暗浊、泛红者品质不好。香气要鲜嫩又带有花香、果香、清香、芳香者为上品。有青草气、烟焦气者为差。滋味比浓淡、甘涩。浓厚、新鲜、甘涩调和口中有清鲜清凉的余味为好，涩、粗、熟闷味为差。叶底青绿色，忌黄褐及红梗红叶。

（4）其他绿茶的审评　我国绿茶花色品种繁多，品质各异，共同特点是鲜叶嫩度要求严，特级茶多为一芽一叶初展，多数要求采摘一芽一二叶，故嫩度和净度好，做工精细，色香味形各具独特风格，审评时一律开汤干湿兼看，外形和内质并重，以保持应有的品质特色。除评比嫩度外还重视形状和色泽，评形状比规格特征、完整和匀齐等，形状要求符合规格，完整、匀齐者好。色泽比颜色的鲜暗、润枯及白毫隐显，茶色要符合该花色要求并要鲜润光泽好、调匀，对白毫的隐显要根据各花色特征来评定，如毛峰、毛尖、白毫茶、银锋、碧螺春、雨花茶、松针、甘露、峨蕊、绿牡丹、辉白、火青、茗眉、云雾等要白毫显露。翠芽、松萝条、龙井、旗枪、大方、猴魁、瓜片等白毫隐而不显。内质比汤色、香气、滋味、叶底和耐泡度。评汤色除颜色符合该花色要求外，注意鲜亮、清浊。香气比香型、高低、长短，香型符合要求，以高长者为好，不能有青气、闷气、老火气，如有烟焦气即为劣变茶。滋味比纯度、浓淡、清鲜、甜爽、苦涩及回味的好坏。叶底比形态、老嫩、色泽和匀度。形态和嫩度要符合要求，多数以芽叶相连，完整成朵者为好，芽叶分离或叶片断碎不成朵者不符合要求，除瓜片为单片叶但叶张也要完整。叶底色泽要鲜亮，绿中显嫩色者好。

（三）实训步骤及实施

1. 实训地点
茶叶审评实训室。

2. 课时安排
实训授课20学时，每2个学时审评4个茶样，每个茶样可重复审评一次，每两个课时90min，其中教师讲解30min，学生分组练习50min，考核10min。

3. 实训步骤
（1）实训开始。
（2）备具　评茶盘、评茶杯碗、叶底盘、茶匙、天平、定时钟、烧水壶等。

（扫码观看微课视频）

绿茶审评操作及注意事项（上）

绿茶审评操作及注意事项（下）

（3）备样　都匀毛尖、湄潭翠芽、凤冈锌硒茶、梵净翠芽、瀑布毛峰、贵州绿宝石茶、贵定云雾贡茶、石阡苔茶、银球茶、西湖龙井、碧螺春、信阳毛尖、黄山毛峰、安吉白茶太平猴魁、六安瓜片，并编号。

（4）按照模块一项目一中的任务三分别审评1～4号茶样/审评5～8号茶样/审评9～12号茶样/审评13～16号茶样/审评17～20号茶样。

（5）收样。

（6）收具。

（7）实训结束。

（四）实训预案

1. 绿茶的品质特征

（1）炒青绿茶品质特征　炒青绿茶在干燥中，由于受到机械或手工力的作用不同，形成长条形、圆珠形、扁形、针形、螺形等不同的形状，故又分为长炒青、圆炒青、扁炒青、卷曲炒青等。

①长炒青品质特征：由于鲜叶采摘老嫩不同和初制技术的差异，毛茶分为六级十二等。长炒青品质一般要求外形条索细嫩紧结有锋苗，色泽绿润，内质香气高鲜，汤色绿明，滋味浓而爽口，富收敛性，叶底嫩绿明亮。长炒青精制后称眉茶，成品的花色有珍眉、贡熙、雨茶、茶芯、针眉、秀眉、绿茶末等，各具不同的品质特征。

②圆炒青品质特征：圆炒青外形是颗粒圆紧，因产地和采制方法不同，珠茶颗粒更细圆紧结，色泽灰绿起霜；香味较浓厚，但汤色叶底稍黄。

③扁炒青品质特征：形状扁平光滑，因产地和制法不同，分为龙井、旗枪、大方三种。

④卷曲形炒青特征：一般以色泽翠绿、外形匀整、白毫显露、条索卷曲、香气清嫩、滋味鲜浓、回味甘甜、汤色清澈、叶底明亮、芽头肥壮为佳。

（2）烘青绿茶品质特征　烘青毛茶经精制后大部分作窨制花茶的茶坯，香气一般不及炒青高。少数烘青名茶品质特优。

烘青毛茶品质特征：外形条索紧直、完整，显锋毫，色泽深绿油润，内质香气清高，汤色清澈明亮，滋味鲜醇，叶底匀整嫩绿明亮。

烘青（茶坯）的品质特征：烘青毛茶经精制后的成品茶外形条索紧结细直，有芽毫，平伏，匀称，色泽深绿油润。内质香味较醇厚，但汤色、叶底稍黄。

烘青花茶品质特征：外形与原来所用的茶坯基本相同，内质主要是香味，特征因所用鲜花不同而有明显差异，如茉莉、白玉兰、玳玳、珠兰、柚子等。与茶坯比较，窨花后香气鲜灵，浓厚清高，纯正，滋味由鲜醇变为浓厚鲜爽，涩味减轻而苦味略增，干茶、茶汤、叶底都略黄。

有代表性的烘青名茶主要有黄山毛峰、太平猴魁、六安瓜片、遵义毛峰、天山绿茶、顾诸紫笋、江山绿牡丹、峨眉毛峰、覃塘毛尖、金水翠峰、峡州碧峰、南糯白毫等。

（3）晒青绿茶品质特征　由于在日光下晒干，所以品质不及炒青和烘青。晒青绿茶以云南大叶种的品质最好，称为"滇青"，为云南普洱茶的主要原料。其他如川青、黔青、桂青、鄂青等品质都不及滇青。老青毛茶因原料粗老，堆积后变成黑茶，压制老青砖。

晒青绿茶大部分就地销售，部分再加工成压制茶后内销，边销或侨销。在再加工过程中，不堆积的如沱茶，饼茶等仍属绿茶。经过堆积的如紧茶、七子饼茶（圆茶）实质上与青砖茶相同，应属黑茶类。

①滇青毛茶：外形条索粗壮，有白毫，色泽深绿油润；内质香气高，汤色黄绿明亮，滋味浓醇，收敛性强，叶底肥厚。

②老青毛茶：外形条索粗大，色泽乌绿，嫩梢乌尖，白梗，红脚，不带麻梗。湿毛茶晒青属绿茶，堆积后变成黑茶。

③晒青茶压制茶品质特征：外形完整，松紧适度，撒面茶分布均匀，里茶不外露，无起层脱面，不龟裂，不残缺。内质按加工过程中是否堆积，分为晒青压制绿茶和晒青压制黑茶两种，前者汤色黄而不红，滋味浓而久醇，后者汤色黄红，滋味醇而不涩。

④沱茶：外形碗臼状，色泽暗绿，露白毫，内质香气清正，汤色澄黄，滋味浓厚甘和，叶底尚嫩匀。

⑤饼茶：有方饼、圆饼两种。外形端正，色泽灰黄，内质香气纯正，汤色黄明，滋味浓厚略涩，叶底尚嫩花杂。

（4）蒸青绿茶的品质特征　蒸汽杀青是我国古代杀青方法，唐代时传至日本，相沿至今；而我国则自明代起即改为锅炒杀青。蒸青是利用高温蒸汽来破坏鲜叶中酶的活性，形成干茶色泽深绿，茶汤浅绿和叶底青绿的"三绿"品质特征，但香气较闷带青气，涩味也较重，不及锅炒杀青绿茶那样鲜爽。蒸青绿茶因鲜叶不同，可分为两种。

覆盖鲜叶茶树在春茶开采前15~20d搭阴棚，遮断日光直射，使茶芽在间接阳光的条件下生长，以降低多酚类化合物的生成，增加叶绿素和蛋白质的含量，保持茶芽嫩度，使色泽更为绿翠。如日本玉露茶、碾茶等。

①日本玉露茶：系日本名茶之一。外形条索细直紧圆稍扁，呈松

针状，色泽深绿油润，内质香气具有一种特殊的紫菜般的香气，日本称"蒙香"，汤色浅绿清澈明亮，滋味鲜爽，甘涩调和，叶底青绿匀称明亮。

②碾茶：鲜叶经蒸汽杀青，不经揉捻，直接烘干而成。叶态完整松展呈片状，似我国的六安瓜片，色泽翠绿，内质香气鲜爽，汤色浅绿明亮，滋味鲜和，叶底绿翠。泡饮时要碾碎成末，供"茶道"用的称作"抹茶"。

不覆盖鲜叶除日本生产的煎茶、玉绿茶、番茶等外，苏联、印度、斯里兰卡等国也都有生产。色泽虽较绿翠，但香味都较覆盖鲜叶制成的差。

日本煎茶是日本蒸青绿茶的大宗茶，其外形虽似玉露茶，但条索和色泽不及玉露茶紧秀和深绿油润，内质香味欠鲜爽而较浓涩，嫩度也稍低。

由于对外贸易的需要，我国近年来也生产少量蒸青绿茶。

③恩施玉露：产于湖北恩施土家族苗族自治州。鲜叶采摘标准为一芽一二叶，现采现制。外形条索紧细，匀齐挺直，形似松针，光滑油润呈鲜绿豆色，内质汤色浅绿明亮，香气清高鲜爽，滋味甜醇可口，叶底翠绿匀整。

④中国煎茶：产于浙江、福建和安徽三省。外形条索细紧，挺直，呈针状，色泽鲜绿或深绿油润有光，内质茶汤澄清，呈浅黄绿色，有清香，滋味醇和略涩，叶底青绿色。

2. 部分名优绿茶品质特征

（1）西湖龙井　西湖龙井（图2-5）产于浙江省杭州市西湖区。以"色绿，香郁，味甘，形美"四绝著称。外形扁平光滑，色翠略黄似糙米色；内质汤色碧绿清莹，香气幽雅清高，滋味鲜美醇和，叶底细嫩成朵。

（1）西湖龙井外形　　　　　　（2）西湖龙井叶底及汤色

图2-5　西湖龙井

（2）信阳毛尖　信阳毛尖（图2-6）产于河南省信阳市。外形条索细直，色泽翠绿，白毫显露；内质汤色清绿明亮，香气鲜高，滋味鲜醇，叶底芽壮，嫩绿匀称。

（1）信阳毛尖外形　　　　　　　（2）信阳毛尖叶底及汤色

图2-6　信阳毛尖

（3）碧螺春　碧螺春（图2-7）产于江苏省太湖中的洞庭东西二山，以洞庭石公，建设和金庭等为主产区。碧螺春以芽嫩，工细著称。外形条索纤细，卷曲呈螺，白毫满披，银绿隐翠，内质汤色清澈明亮，嫩香明显，滋味浓郁，鲜爽生津，回味绵长，叶底嫩绿显翠。

图2-7　碧螺春

（4）黄山毛峰　黄山毛峰（图2-8）产于安徽省著名的黄山境内。外形叶肥壮匀齐，白毫显露，黄绿油润，内质汤色清澈明亮，清香高爽，味鲜浓醇和，叶底匀嫩成朵匀齐活润。

（1）黄山毛峰外形　　　　　　　（2）黄山毛峰叶底及汤色

图2-8　黄山毛峰

（5）太平猴魁　太平猴魁（图2-9）产于安徽省黄山市黄山区新明乡和龙门乡。外形色泽翠绿有光泽，白毫多而显露，内质汤色黄绿清澈明亮，香气纯正，滋味醇和稍淡。

（1）太平猴魁外形　　　　　（2）太平猴魁叶底及汤色

图2-9　太平猴魁

（6）六安瓜片　六安瓜片（图2-10）产于长江以北，淮河以南的皖西大别山茶区，以安徽省六安、金寨、霍山三县所产最为著名。外形片状，叶微翘，形似瓜子，色泽杏绿润亮；内质汤色清绿泛黄，香气芬芳，滋味鲜浓，回味甘美，叶底黄绿明亮。

（1）六安瓜片外形　　　　　（2）六安瓜片叶底及汤色

图2-10　六安瓜片

（7）安吉白茶　安吉白茶（图2-11）是一种特殊的白叶茶品种中由白色的嫩叶按绿茶的制法加工制作而成的绿茶。安吉白茶叶张玉白，叶脉翠绿，叶片莹薄，外形条索紧细，外观色泽为绿色，冲泡后形似凤羽，滋味鲜爽，汤色鹅黄，清澈明亮，回味甘甜。

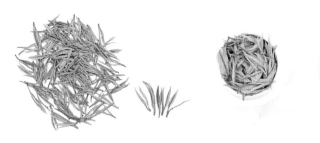

（1）安吉白茶外形　　　　　（2）安吉白茶叶底及汤色

图2-11　安吉白茶

（8）都匀毛尖　都匀毛尖（图2-12）以"三绿透三黄"而著称，及"干茶绿中带黄，汤色绿中透黄，叶底绿中显黄"。其条索紧细卷曲，色泽绿润，白毫显露，嫩栗香持久，汤色嫩黄绿明亮，滋味鲜醇，叶底嫩绿鲜活明亮。

（1）都匀毛尖外形　　　　　　　（2）都匀毛尖叶底及汤色

图2-12　都匀毛尖

（9）湄潭翠芽　湄潭翠芽（图2-13）原名湄江翠片，因产于湄江河畔而得名。创制于1943年，为贵州省的扁形名茶。外形扁平光滑，形似葵花籽，隐毫稀见，色泽翠绿，粟香显，滋味醇厚爽口，回味甘甜，汤色黄绿明亮，叶底嫩绿匀整。

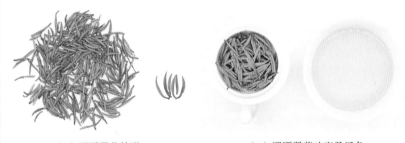

（1）湄潭翠芽外形　　　　　　　（2）湄潭翠芽叶底及汤色

图2-13　湄潭翠芽

（10）绿宝石茶　绿宝石茶（图2-14）外形颗粒状，绿润带毫，汤色绿亮，香气高纯，滋味醇爽带鲜，叶底绿亮显芽。

（11）梵净翠芽　梵净翠芽（图2-15）为贵州省印江土家族苗族自治县所产茶叶品种之一。外形：色泽嫩绿鲜润，匀整，洁净；内质：汤色嫩绿、清澈；清香持久或栗香显露；鲜醇爽口；芽叶完整细嫩、匀齐、嫩绿明亮。

图2-14 绿宝石茶

图2-15 梵净翠芽

（12）石阡苔茶 石阡苔茶是贵州省石阡县当地茶农长期栽培选育形成的一个地方品种。外形色泽绿润；内质汤色黄绿明亮，栗香持久，滋味醇厚，叶底鲜活匀整。

（13）凤冈锌硒茶 凤冈锌硒茶产于贵州省遵义市凤冈县。具有色泽绿润、汤色绿亮、滋味醇厚、叶底嫩绿鲜活等特点。

（14）贵定云雾茶 贵定云雾茶是以贵州省贵定县境内生长的本地鸟王茶树品种和其他优良茶树品种的鲜叶为原料，按贵定云雾贡茶的加工工艺加工而成的特种绿茶，其外形紧细、卷曲、显毫、匀整、绿润，内质汤色黄绿清澈，香气嫩香，滋味鲜爽，回味甘甜，叶底嫩匀、鲜活明亮。

（15）银球茶 银球茶（图2-16）产于贵州省雷山县著名的自然保护区雷公山，采用海拔1400m以上的"清明茶"的一芽二叶，经过炒制加工后，精制为小球状，既美观漂亮，又清香耐泡。每颗"银球"直径18～20mm、质量2.5g，冲茶时，一般使用1颗。

（1）银球茶外形

（2）银球茶叶底及汤色

图2-16 银球茶

（五）实训评价

根据实训内容，填写绿茶审评实训评价考核评分表（表2-2）

表2-2　绿茶审评实训评价考核评分表

分项	内容	分数	自评分（10%）	组内互评分（10%）	组间互评分（10%）	教师评分（70%）	实际得分值
1	茶样1号名称____	20分					
2	茶样2号名称____	20分					
3	茶样3号名称____	20分					
4	茶样4号名称____	20分					
5	综合表现	20分					
	合计	100分					

（六）作业

（1）填写茶叶感官审评表（见附录三）。
（2）绿茶感官审评的指标包括哪些？

（七）拓展任务

查阅相交资料，进一步了解茶叶变质、变味、陈化的原因。

（八）学习反思

班级　小组　姓名

实训测评页

任务二 白茶审评

（一）任务要求

了解白茶的分类，熟悉白茶的感官审评指标，掌握白毫银针、白牡丹、贡眉的品质特征。

（二）背景知识及分析

_____ 学习笔记 _____

1. 白茶的分类
白茶分类如下：

2. 白茶的加工
白毫银针的加工工艺流程：

鲜叶 → 萎凋 → 烘焙 → 筛拣 → 复火 → 装箱

白牡丹和贡眉的区别在于其原料采自不同的茶树品种，但均采摘一芽二叶，而采制工艺流程基本相同：

鲜叶 → 萎凋 → 烘焙（或阴干）→ 拣剔（或筛拣）→ 复火 → 装箱

由加工银针时采下嫩梢经"抽针"后，剩下的叶片加工成"寿眉"。
新白茶的加工工艺流程：在20世纪70年代，采取新白茶加工工艺，其采制方法基本与传统白茶中的贡眉类似，区别在于萎凋适度后经堆积、轻揉、再行焙干。即：

鲜叶 → 萎凋 → 堆积 → 揉捻 → 烘焙

3. 白茶的审评
白茶花色有白毫银针、白牡丹、贡眉和寿眉。白茶审评方法和用具同绿茶。白茶审评重外形兼看内质。外形主要鉴别嫩度、净度和色泽。白毫银针要求毫心肥壮，具银白光泽。白牡丹要求毫心与嫩叶相

学习笔记

连，不断碎，灰绿透银白色，故又称银绿叶，以绿面白底为佳。高级贡眉亦应毫心微显，凡毫心少，叶片老嫩不匀，红变或暗褐色为次。香气要求白毫银针新鲜，毫香显浓。白牡丹、贡眉也要求鲜纯，有毫香为佳，凡带有青气者为低品。汤色要求白毫银针碧洁清亮，呈浅杏黄色，白牡丹、贡眉要橙黄清澈，深黄色者次，红色为劣品。滋味则白毫银针要清甜，毫味浓重，白牡丹、贡眉要鲜爽、有毫味，凡粗涩、淡薄者为低品。叶底以细嫩、柔软、匀整、鲜亮者为佳，暗杂或带红张者为低品。

（三）实训步骤及实施

1. 实训地点
茶叶审评实训室。

2. 课时安排
实训授课2学时，共计90min，其中教师讲解30min，学生分组练习50min，考核10min。

3. 实训步骤
（1）实训开始。
（2）备具　评茶盘、评茶杯碗、叶底盘、茶匙、天平、定时钟等。
（3）备样　白毫银针2种、白牡丹2种、贡眉、寿眉等。
（4）按照模块一项目一中的任务三分别审评茶样。
（5）收样。
（6）收具。
（7）实训结束。

（四）实训预案

白茶要求鲜叶"三白"，即嫩芽及两片嫩叶满披白毫。初制过程虽不揉不炒，但由于处在长时间的萎凋和阴干过程，儿茶素总量约减少四分之三，从而形成外形毫心肥壮、叶张肥嫩、叶态自然伸展、叶缘垂卷、芽叶连枝、毫心银白、叶色灰绿或铁青色、内质汤色黄亮明净、毫香显、滋味鲜醇和叶底嫩匀的特征。

白茶按茶树品种分为大白、水仙白和小白三种。又可按芽叶嫩度分为银针白毫，白牡丹、贡眉和寿眉。各具不同的品质特征。

（1）不同品种白茶　大白用福鼎大白（图2-17）、政和大白（图

2-18）等茶树品种的鲜叶制成。毫心肥壮，白色芽毫显露。梗子叶脉微红，叶张软嫩，色泽翠绿，味鲜醇，毫香特显。

水仙白用水仙茶树品种（图2-19）的鲜叶制成。毫心长而肥壮，有白毫，叶张肥大而厚，叶柄宽，有"沟"状特征，色灰绿带黄，毫香比小白重，滋味醇厚超过大白，叶底芽叶肥厚黄绿明亮。

图2-17　福鼎大白茶树品种　　图2-18　政和大白　　图2-19　水仙白茶树品种
　　　　　　　　　　　　　　　　　　茶树品种

小白用菜茶茶树品种的鲜叶制成。毫心较小，叶张细嫩软，有白毫，色灰绿，有毫香，味鲜醇，叶底软嫩灰绿明亮。

（2）不同嫩度白茶

①白毫银针（图2-20）：外形毫心肥壮、满披白毫；香气清鲜、毫香显；汤色呈浅杏黄色；滋味清甜、毫味浓郁；叶底肥嫩、柔软、匀整、鲜亮。在福建按产地不同分为北路银针和南路银针。

（1）白毫银针外形　　　　　　　（2）白毫银针叶底及汤色

图2-20　白毫银针

②白牡丹（图2-21）：外形自然舒展，二叶抱芯，色泽灰绿，毫香显。内质滋味鲜醇；汤色橙黄清澈明亮；叶底芽叶成朵，肥嫩匀整。

③贡眉（图2-22）：用菜茶种的瘦小芽叶（一芽二三叶）制成。色香味都不及白牡丹。品质特征：外形芽心较小，色泽灰绿稍黄，香气鲜纯，汤色黄亮，滋味清甜，叶底黄绿，叶脉带红。品质较差的称为寿眉（图2-23），有时经"抽针"后，剩下的叶片加工成"寿眉"。

（1）白牡丹外形　　　　　　　　　　（2）白牡丹叶底及汤色

图2-21　白牡丹

（1）贡眉外形　　　　　　　　　　（2）贡眉叶底及汤色

图2-22　贡眉

（1）寿眉外形　　　　　　　　　　（2）寿眉叶底及汤色

图2-23　寿眉

（五）实训评价

根据实训内容，填写白茶审评实训评价考核评分表（表2-3）。

表2-3 白茶审评实训评价考核评分表

分项	内容	分数	自评分（10%）	组内互评分（10%）	组间互评分（10%）	教师评分（70%）	实际得分值
1	茶样1号名称_____	20分					
2	茶样2号名称_____	20分					
3	茶样3号名称_____	20分					
4	茶样4号名称_____	20分					
5	综合表现	20分					
	合计	100分					

（六）作业

填写茶叶感官审评表（见附录三）。

（七）拓展任务

查阅相关资料，并回答下述问题。

（1）白茶可分为哪几类?

_____

_____

_____

_____

（2）白茶的感官审评指标包括哪些?

_____

_____

_____

_____

班级

小组

姓名

实训测评页

（3）新工艺白茶与传统白茶有何区别?

_____

_____

_____

_____

_____

（八）学习反思

任务三　黄茶审评

（扫码观看微课视频）

黄茶品质特征（理论）

学习笔记

（一）任务要求

了解黄茶的分类，掌握黄茶的感官审评指标，了解君山银针、蒙顶黄芽、沩山毛尖、海马宫茶、霍山黄大茶、广东大青叶等的品质特征。

（二）背景知识及分析

黄茶是我国特产，在杀青后破坏酶促氧化作用的前提下，渥堆使多酚类化合物在湿热作用下，进行非酶性的自动氧化，达到闷黄的效果。黄茶"闷黄"过程使酯型儿茶素大量减少，促使黄茶香气变纯，滋味变醇。黄茶有黄叶黄汤，香气清悦，味厚爽口的品质特征。随着时代的发展，人们更偏爱新鲜碧绿的茶叶，黄茶类面临失传和改制的困境，特别是黄芽茶、黄小茶类，如蒙顶黄芽、君山银针、北港毛尖、沩山毛尖、海马宫茶等。

1. 黄茶的分类
黄茶分类如下：

2. 黄茶的加工
制造黄茶的典型工艺流程：

鲜叶 → 杀青 → 闷黄 → 干燥

有些黄茶不需要揉捻，有些则需要揉捻，因茶而异。但所有黄茶都有一个闷黄的过程，闷黄工序有的在杀青之后，有的在揉捻之后，有的在初烘（或初炒）之后。闷黄是形成黄茶黄汤黄叶品质特征的关键工序。闷黄过程中，可促进茶叶中某些成分的变化与转化，减少苦涩味、增加甜醇味；消除粗青气、产生甜香味等。黄茶闷黄工艺的具体操作，有的是堆积半成品茶叶，有时还拍紧盖上棉套，有的用纸包紧茶叶，有的只闷一次，有的要闷两次，方法不一。

黄茶在加工工艺上也要经过"杀青"工序，通过高温杀青，彻底破坏酶的活性。

黄茶加工闷黄的原理：在闷黄过程中，通过湿热作用，促进闷堆叶内的化学变化，综合地形成黄茶特有的色、香、味。其主要的化学变化有：茶多酚的非酶性氧化，保存较多的可溶性多酚类化合物，提高茶叶的香气和滋味；叶绿素在湿热作用下分解和转化成脱镁叶绿素，使绿色物质减少，黄色物质显露；糖和氨基酸的转化和挥发性醛类的增加，促进黄茶芳香物质的形成。闷黄工艺依茶叶品种和产地而变化，常分为湿坯闷黄（揉捻前或揉捻后闷黄）和干坯闷黄（初烘后或再烘时闷黄）两种。一般高级黄茶的闷黄作业不是简单的一次完成。

关于黄茶的揉捻：如君山银针、蒙顶黄芽不经揉捻，北港毛尖、鹿苑毛尖、霍山黄芽也只在杀青后期在锅内轻揉，没有独立的揉捻工序，而黄大茶和大叶青因芽叶较大，需要通过揉捻塑造条索，以达到外形规格的要求。根据大叶种鲜叶原料的特点，广东大叶青在杀青之前进行适度的轻萎凋，使多酚类化合物轻度氧化以减轻茶汤涩味，有利于形成大叶青"香气纯正、滋味浓醇回甜"的品质风味。

3. 黄茶的审评

黄茶审评方法同绿茶。

（1）形状　黄茶因品种和加工技术不同，形状有明显差别。君山银针以形似针、芽头肥壮、满披茸毛者为好，芽瘦扁、毫少为差；蒙顶黄芽以条扁直、芽壮多毫为上，条弯曲、芽瘦少为差；鹿苑毛茶以条索紧结卷曲呈环形、显毫为佳，条松直、不显毫者为差。黄大茶以叶肥厚成条、梗长壮、梗叶相连为好，叶片状、梗细短、梗叶分离或梗断叶破为差。

（2）色泽　比黄色的枯润、暗鲜等，以金黄色鲜润为优，色枯暗为差。

（3）净度　比梗、片、末及非茶类夹杂物含量。

（4）汤色　以黄汤明亮为优，黄暗或黄浊为次。

（5）香气　以清悦为优，有闷浊气为差。

（6）滋味　以醇和鲜爽、回甘、收敛性弱为好；苦、涩、淡、闷为次。

（7）叶底　以芽叶肥壮、匀整、黄色鲜亮为好，芽叶瘦薄黄暗为次。

（三）实训步骤及实施

1. 实训地点
茶叶审评实训室。

2. 课时安排
实训授课2学时，共计90min，其中教师讲解30min，学生分组练习50min，考核10min。

3. 实训步骤
（1）实训开始。
（2）备具　评茶盘、评茶杯碗、叶底盘、茶匙、天平、定时钟等。
（3）备样　君山银针、北港毛尖、蒙顶黄芽、温州黄汤、莫干黄芽、海马宫茶等中的四种。
（4）按照模块一项目一中的任务三分别审评茶样。
（5）收样。
（6）收具。
（7）实训结束。

（四）实训预案

黄茶分为黄芽茶、黄小茶和黄大茶，各品种的品质特征如下。

1. 黄芽茶
（1）君山银针（图2-24）　产于湖南省岳阳君山。君山银针全由未展开的肥嫩芽头制成。制法特点是在初烘、复烘前后进行摊凉和初包、复包，形成变黄特征。君山银针外形芽头肥壮挺直，匀齐，满披茸毛，每500g鲜叶约有2万个芽头，色泽金黄光亮，称"金镶玉"。内质香气清鲜，汤色浅黄，滋味甜爽，冲泡后芽尖冲向水面，悬空竖立，继而徐徐下沉杯底，状如群笋出土，又似金枪直立，汤色茶影，交相辉映，极为美观。
（2）蒙顶黄芽（图2-25）　产于四川名山。鲜叶采摘标准为一芽一叶初展，每500g鲜叶有5～6万个芽头。初制分为杀青、初包、复锅、复包、三炒、四炒、烘焙等过程。外形芽叶整齐，形状扁直，肥嫩多毫，色泽金黄，内质香气清纯，汤色黄亮，滋味甘醇，叶底嫩匀，黄绿明亮。

（扫码观看微课视频）

黄茶审评操作及
注意事项（上）

黄茶审评操作及
注意事项（下）

学习笔记

（1）君山银针外形　　　　　　　（2）君山银针叶底及汤色

图2-24　君山银针

（1）蒙顶黄芽外形　　　　　　　（2）蒙顶黄芽叶底及汤色

图2-25　蒙顶黄芽

（3）莫干黄芽　产于浙江德清县莫干山。鲜叶采摘标准为一芽一叶初展，每500g干茶约含4万多个芽头。初制分为摊放、杀青、轻揉、闷黄、初烘、锅炒、复烘七道工序。外形紧细匀齐，茸毛显露，色泽黄绿油润，内质香气嫩香持久，汤色澄黄明亮，滋味醇爽可口，叶底幼嫩似莲心。

2. 黄小茶

黄小茶的鲜叶采摘标准为一芽一二叶，有湖南的沩山毛尖和北港毛尖、湖北的远安鹿苑茶、浙江的平阳黄汤、六安市的黄小茶等。

（1）沩山毛尖（图2-26）　产于湖南宁乡市沩山。外形叶边微卷成条块状，有金毫，色泽绿黄油润，内质香气有浓厚的松烟香，汤色杏黄明亮，滋味甜醇爽口，叶底芽叶肥厚。为甘肃、新疆等消费者所喜爱，形成沩山毛尖黄亮色泽和松烟味品质特征的关键在于杀青后采用了"闷黄"和烘焙时采用了"烟熏"两道工序。

（2）北港毛尖　产于湖南岳阳市北港，初制分为杀青、锅揉、闷黄、复炒、复揉、烘干六个过程。外形条索紧结重实卷曲，白毫显露，色泽金黄，内质香气清高，汤色杏黄明澈，滋味醇厚，耐冲泡，冲三四次后尚有余味。

（3）远安鹿苑茶　产于湖北远安县鹿苑寺一带。初制分杀青、炒

（1）沩山毛尖外形　　　　　（2）沩山毛尖叶底及汤色

图2-26　沩山毛尖

二青、闷堆和炒干四道工序。"闷堆"工序是形成干茶色泽金黄、汤色杏黄、叶底嫩黄的"三黄"品质特征的关键。其外形条索紧结卷曲呈环状，略带鱼子泡，锋毫显露，内质香高持久，有熟栗子香，汤色黄亮，滋味鲜醇回甘，叶底肥嫩匀齐明亮。

（4）平阳黄汤（图2-27）　产于浙江泰顺县及苍南县。中华人民共和国成立前，泰顺县生产的黄汤，主要由平阳茶商收购经销，因而称平阳黄汤。初制分杀青、揉捻、闷堆、干燥四道工序。外形条索紧结匀整，锋毫显露，色泽绿中带黄油润，内质香高持久，汤色浅黄明亮，滋味甘醇，叶底匀整黄明亮。

（1）平阳黄汤外形　　　　　（2）平阳黄汤叶底及汤色

图2-27　平阳黄汤

（5）海马宫茶（图2-28）　产于贵州省大方县的老鹰岩脚下的海马宫乡。海马宫茶采于当地小群体品种，具有茸毛多，持嫩性强的特性。谷雨前后开采。采摘标准；一级茶为一芽一叶初展；二级茶为一芽二叶，三级茶为一芽三叶。海马宫茶属黄茶类名茶。具有条索紧结卷曲、茸毛显露、青高味醇、回味甘甜、汤色黄绿明亮及叶底嫩黄匀整明亮的特点。

3. 黄大茶

黄大茶的鲜叶采摘标准为一芽三四叶或一芽四五叶。产量较多，主要有安徽霍山黄大茶和广东大叶青。

（1）海马宫茶外形　　　　　　　　（2）海马宫茶叶底及汤色

图2-28　海马宫茶

（1）霍山黄大茶外形　　　　　　　（2）霍山黄大茶叶底及汤色

图2-29　霍山黄大茶

（1）霍山黄大茶（图2-29）　鲜叶为一芽四五叶。初制为杀青与揉捻、初烘、堆积、烘焙等过程。堆积时间较长（5~7d），烘焙火功较足，下烘后趁热踩篓包装，是形成霍山黄大茶品质特征的主要原因。外形叶大梗长，梗叶相连，色泽金黄鲜润。内质香气有突出的高爽焦香，似锅巴香，汤色深黄明亮，滋味浓厚，耐冲泡，叶底黄亮。为山东沂蒙山区的消费者所喜爱。

（2）广东大叶青（图2-30）　以大叶种茶树的鲜叶为原料，采摘标准为一芽三四叶。初制时经过堆积，形成了黄茶品质特征，以侨销为主。外形条索肥壮卷壮，身骨重实，老嫩均匀，显毫，色泽青润带黄，或青褐色。内质香气纯正，汤色深黄明亮，滋味浓醇回甘，叶底浅黄色，芽叶完整。

（1）广东大叶青外形　　　　　　　（2）广东大叶青叶底及汤色

图2-30　广东大叶青

（五）实训评价

根据实训结果，填写黄茶审评实训评价任务考核评分表（表2-4）。

表2-4 黄茶审评实训评价任务考核评分表

分项	内容	分数	自评分 （10%）	组内互评分 （10%）	组间互评分 （10%）	教师评分 （70%）	实际得分值
1	茶样1号 名称_____	20分					
2	茶样2号 名称_____	20分					
3	茶样3号 名称_____	20分					
4	茶样4号 名称_____	20分					
5	综合表现	20分					
	合计	100分					

（六）作业

填写茶叶感官审评表（见附录三）。

（七）拓展任务

查阅相关资料，并回答以下问题。

（1）黄茶可分为哪几类？

_____

_____

_____

_____

（2）黄茶的感官审评指标包括哪些？

_____

_____

_____

_____

班级

小组

姓名

实训测评页

（八）学习反思

任务四 乌龙茶审评

（扫码观看微课视频）

乌龙茶品质特征（理论）

（一）任务要求

了解乌龙茶的分类，掌握乌龙茶品质的感官审评方法。了解安溪铁观音、武夷岩茶、凤凰单丛、冻顶乌龙的品质特征。

学习笔记

（二）背景知识及分析

1. 乌龙茶的分类

乌龙茶的分类如下：

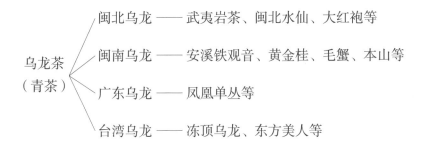

乌龙茶（青茶）
- 闽北乌龙 —— 武夷岩茶、闽北水仙、大红袍等
- 闽南乌龙 —— 安溪铁观音、黄金桂、毛蟹、本山等
- 广东乌龙 —— 凤凰单丛等
- 台湾乌龙 —— 冻顶乌龙、东方美人等

2. 乌龙茶的加工

乌龙茶的加工流程：

鲜叶 → 萎凋（晒青）→ 做青（摇青、晾青）→ 杀青 → 揉捻 → 干燥

（1）鲜叶要求　适制青茶的品种，生长期形成开面叶（图2–31），及嫩梢全部伸展将要成熟，形成驻芽的时候采摘有一定成熟度的鲜叶为原料。

图2–31　开面叶

（2）萎凋　萎凋是乌龙茶加工的第一道工序，萎凋质量好坏会影响下一工序的操作和成茶的质量。乌龙茶茶青见图2-32。乌龙茶萎凋与红茶稍异，水分的丧失比红茶要轻，减重率8%~15%，青茶萎凋过程中，叶和嫩梗中水分不均匀，叶片失水多，嫩梗失水少。晒青结束时叶子呈萎凋状态。晾青时，由于热量散失，梗脉中的水分向叶片渗透，使叶子恢复苏胀状态，为做青创造条件。鲜叶在阳光的照射作用下，使叶温迅速提高，水分蒸发，酶的活性逐渐加强，促进了化学成分的转化和对叶绿素的破坏，同时对香气的形成与青气的挥发也起着很好的作用。

萎凋对于乌龙茶香气和滋味的形成具有重要的作用。采用日光萎凋时，不能在直射强烈阳光下进行，否则容易烫伤叶片；采用加温萎凋，温度要控制适当，不能过高，否则对品质不利。不同品种，老嫩度和含水量不同的鲜叶要分别进行萎凋，做到看青晒青，灵活掌握。萎凋程度的掌握，宜轻勿重。萎凋过轻，成茶青条多，味苦涩，品质不好。萎凋过度，鲜叶失水过多，叶子紧贴筛面，部分幼芽叶泛红起皱，成茶的色香味较差。鲜叶在萎凋和晾青过程中，翻拌动作要轻，以防机械损伤叶面而中断水分渗透的通道。

图2-32　乌龙茶茶青　　　　　　　　　图2-33　乌龙茶做青叶

（3）做青　乌龙茶做青叶见图2-33，做青过程中，水分蒸发非常缓慢，失水也较少。摇青随着水分的蒸发，推动梗脉中的水分和水溶性物质，通过输导组织向叶面渗透、转移，水分从叶面蒸发，而水溶性物质在叶片内积累起来，这是摇青时水分变化的特点，俗称"走水"，这也是以水分的变化控制物质的变化，促进香气、滋味的形成和发展的过程。掌握和控制好摇青过程中的水分变化，是乌龙茶加工控制的一个关键点。

做青的技术关键主要是掌握好如下几个方面：

第一，乌龙茶摇青必须具备一定的条件，主要是温度的控制。

闽南和广东乌龙茶摇青一般都在夜间进行。

　　闽北茶区摇青即在特设的摇青室内进行。摇青室内要防止阳光直射和保持空气相对静止，温度控制在一定的范围内。如温度过低，就容易造成做青不足的自然干燥现象，使叶底发暗而不能达到青茶的红边要求，因此，生产实际中若温度低于20℃时就要采取加温措施，湿度低于80%时就要洒水增湿。若温湿度过高，多酚类化合物氧化太快而水分无法去尽，芳香物质不能随水分扩散而挥发，青臭气尚留，碳水化合物亦不能转化到理想的程度，叶绿素破坏程度不够，各种化学成分不能协调地变化，给成品茶带来叶增多，叶底暗绿，香气不高且带有青味，汤色红而浊，滋味苦涩等不良影响。

　　第二，摇青时动作要轻，防止叶脉折断，阻止水分及干物质的运输，而使折断处多酚化合物先期氧化形成不规则的红变而影响品质。

　　第三，摇青次数、转速和程度要根据季节气候不同灵活掌握。

　　一般原料嫩的少摇，原料老的多摇。含水量高的水仙品种多摇，含水量低的乌龙品种少摇。摇青不足，汤味涩口，苦而不甘。摇青过度，香气低沉，叶底死红不活，外形色枯。

　　（4）杀青　杀青也称炒青，其目的是促使叶子在摇青过程中所引起的变化，不再因酶的作用而继续进行。乌龙茶杀青过程中失水量比绿茶杀青失水量要少得多，只有15%~20%。

　　因青茶原料偏老，纤维素含量较多，叶质较硬，韧性较强，给加工带来困难，因此，乌龙茶的杀青方法（乌龙茶手工杀青见图2-34）与绿茶也有所不同，采取高温、快速、多闷、少扬的方法来达到杀青的目的。在杀青的过程中，在水热的作用下，内含物发生一系列复杂的变化，如叶绿素的进一步破坏，叶子的青叶醛、青叶醇及正己醇等低沸点青臭气大量挥发，高沸点的芳香物质逐渐显现等。

图2-34　乌龙茶手工杀青

　　杀青适度的叶子悦鼻而具有类似成熟水果的香味。如果杀青温度低，杀青不足，叶内水分不易蒸发，青气不能得到挥发，制成的茶叶外形不乌润，内质茶汤暗浊，味苦涩，青气重，香气不高。火温过高也不利，如温度过高会产生焦味。一般以青叶入锅，发出连续不断的啪啪响声为标准，一般在300~350℃。

　　（5）揉捻　揉捻是形成青茶外形卷曲折皱的重要工序（乌龙茶手工包揉见图2-35），由于原料比红、绿茶稍老，揉捻叶含水量较少，因此，必须采取热揉、少量重压、短时、快速的方法进行。否则，杀

学习笔记

青叶冷却反变硬发脆、揉不成条、投叶多、时间长会产生水闷气。

（6）干燥　叶子经过揉捻后，茶汁外溢，物质转化还在继续。通过干燥散失水分，发展香气，并将各种水溶性物质相对稳定下来，以形成青茶特有的香气和滋味，易于贮藏，不再产生新的变化。乌龙茶

图2-35　乌龙茶手工包揉

的干燥在热力的作用下，茶叶中一些不溶性物质发生热裂作用和异构作用，对增进醇和的滋味和纯正的香气有很好的效果。

乌龙茶一般采用烘焙的方式干燥（乌龙茶烘笼见图2-36、乌龙茶烘干见图2-37）。其作用是蒸发水分、固定品质、紧结条形、发展香气。如岩茶毛火时，采用高温快速烘焙法，使茶叶通过高温转化成一种焦脆香味，足火后的茶叶还要进行文火慢炖的吃火过程，对增进汤色、提高滋味醇度和辅助茶香熟化等都有很好的效果。

图2-36　乌龙茶烘笼

图2-37　乌龙茶烘干

茶叶起烘后，趁热堆放或装箱处理会对茶叶内含物质起一定的催化作用，使多酚类化合物与氨基酸和糖相互作用，能增进滋味、提高成茶的品质。

根据产地不同，各大乌龙茶类的加工流程有所区别。

闽北乌龙（以武夷岩茶为代表）的加工流程：

鲜叶 → 晒青 → 晾青 → 摇青 → 炒青 → 揉捻 → 毛火 → 摊放 → 簸拣 → 足火

闽南乌龙（以安溪铁观音为代表）的加工流程：

鲜叶 → 晒青 → 晾青 → 做青 → 炒青 → 初揉 → 初烘 → 包揉 → 复烘 → 复包揉 → 足火

广东乌龙（以凤凰单丛为代表）的加工流程：

鲜叶 → 晒青 → 晾青 → 做青 → 炒青 → 揉捻 → 毛火
　　　　　　　　　　　　　　　　　　　　　　　↓
　　　　　　　　　　　　　　　　　　　　　　足火

台湾乌龙（以冻顶乌龙为代表）的加工流程：

鲜叶 → 日光萎凋 → 做青 → 炒青 → 揉捻 → 毛火
　　　　　　　　　　　　　　　　　　　　↓
　　　　　　　　　　　　　　　　　　　足火

3. 乌龙茶审评

乌龙茶总的品质特点是色泽青褐、汤色橙黄、滋味醇厚（或滋味鲜爽）、香气馥郁（或高香浓郁），冲泡后叶底呈"绿叶红镶边"（乌龙茶开汤见图2-38，乌龙茶叶底见图2-39），属半发酵茶类。其中属轻度发酵的乌龙茶，如冻顶乌龙；属中度发酵的乌龙茶，如安溪铁观音；属重发酵的乌龙茶，如东方美人茶、大红袍、武夷岩茶等。

图2-38　乌龙茶开汤

图2-39　乌龙茶叶底

乌龙茶的外形主要评其形状、色泽、嫩度与品种特征。

闽南乌龙茶的主产地是福建省安溪县，外形主要特征是颗粒状；广东乌龙茶主产地是潮州，如凤凰单丛，外形特征为条索状；我国台湾地区最著名的冻顶乌龙茶，其产地在南投县，外形特征是半球形颗粒状。

内质审评：目前乌龙茶审评的方法有两种，即传统法和通用法。在福建多采用传统法，而台湾、广东和其他地区几乎都使用通用法。

（1）传统法　采用倒钟形的乌龙茶专用杯碗，容量为110mL。准确称取5g茶样，按1∶22的比例冲入沸水，并立即用杯盖刮去液面泡沫，加盖。1min后，揭盖嗅其盖香，评其香气，至2min将茶汤沥入评茶碗中，用于评汤色和滋味，并嗅叶底香气。接着第二次注满沸水，加盖，2min后，揭盖嗅其盖香，评茶叶香气，至3min将茶汤沥入评茶碗中，再评汤色和滋味，并嗅叶底的香气。接着第三次再注满沸水，加盖，3min后，揭盖嗅其盖香，评茶叶香气，至5min将茶汤沥入评茶碗中，再用于评汤色和滋味，比较其耐泡程度，然后审评叶底香气。最后将杯中叶底倒入叶底盘中，审评叶底。

（2）通用法　使用150mL的审评杯和240mL审评碗，冲泡用茶量为3g，茶与水之比为1∶50。将称取的3g茶叶倒入审评杯内，再冲入沸水至杯满，浸泡5min（圆结型、拳曲型、颗粒型的乌龙茶浸泡6min）后，沥出茶汤，按香气（热嗅）、汤色、香气（温嗅）、滋味、香气（冷嗅）、叶底的顺序逐项审评。

这两种审评方法，只要技术熟练，了解青茶品质特点，都能正确评出茶叶品质的优劣。其中通用法操作方便，审评条件一致，较有利于正确快速得出审评结果。

不同类型乌龙茶的品质审评要点有所不同。条索状乌龙茶外形粗松，一般不讲究外形的细紧程度，审评要点在内质，特别是香气的高低和持久，所谓"七泡有余香"是优质乌龙茶的特征。武夷岩茶讲究"岩韵"，当然这种岩韵，有经验的评茶师才能判别，初学者要慢慢入门。半颗粒形与颗粒形乌龙茶，多数属轻度和中度发酵的乌龙茶，既要讲究外形的紧结程度、色泽青褐鲜活程度，同时更讲究香气的清高、花香的明显程度。优质茶应香气高长，花香突出。重发酵的乌龙茶，如我国台湾地区的白毫乌龙被称"东方美人"，外形要求白毫显露，条索细嫩，开汤品尝有蜜糖香味。

（三）实训步骤及实施

1. 实训地点
茶叶审评实训室。

2. 课时安排
实训授课6学时，每2个学时审评4个茶样，每个茶样可重复审评一次，每两个课时90min，其中教师讲解30min，学生分组练习50min，考核10min。

3. 实训步骤
（1）实训开始。
（2）备具　评茶盘、评茶杯碗、叶底盘、茶匙、天平、定时钟等。
（3）备样　武夷岩茶、大红袍、武夷水仙、铁观音、毛蟹、本

（扫码观看微课视频）

乌龙茶审评操作及
注意事项（上）

乌龙茶审评操作及
注意事项（下）

山、黄金桂、凤凰单丛、冻顶乌龙、东方美人等。

（4）按照模块一项目一中的任务三分别审评茶样。

（5）收样。

（6）收具。

（7）实训结束。

（四）实训预案

青茶产于福建、广东和台湾三省。福建青茶又分闽北和闽南两大产区。闽北主要是崇安、建瓯、建阳等县，产品以崇安武夷岩茶为极品，闽南乌龙主要是安溪、永春、南安、同安等县，产品以安溪铁观音久负盛名。广东主要产于汕头地区的潮安、饶平等县，产品以凤凰单丛和饶平水仙品质为佳，台湾乌龙主要产于新竹市，桃园、苗栗、南投等县，产品有乌龙和包种。

1. 闽北乌龙

闽北乌龙（图2-40）做青时发酵程度较重，揉捻时无包揉工序，因而条索壮结弯曲，干茶色泽较乌润，香气为熟香型，汤色橙黄明亮，叶底三红七绿，红镶边明显。

（1）闽北乌龙外形　　　　　　　　（2）闽北乌龙叶底及汤色

图2-40　闽北乌龙

闽北乌龙茶根据产地不同可分为：闽北水仙、闽北乌龙、武夷水仙、武夷肉桂、武夷奇种等；根据品种不同可分为乌龙、梅占、观音、雪梨、奇兰、佛手等，普通名丛有金柳条、金锁匙、千里香、不知春等，名岩名丛有大红袍、白鸡冠、水金龟、铁罗汉、半天夭等。其中武夷岩茶如武夷水仙、武夷肉桂等香味具特殊的"岩韵"，汤色橙红艳丽，滋味醇厚回甘，叶底肥软、绿叶红镶边，堪称闽北乌龙茶中的极品。下面列举几种闽北乌龙茶的品质特征。

（1）武夷水仙　茶树品种属半乔木型，叶片比普通小叶种大一倍以上，因产地不同，虽同一品种制成的青茶，如武夷水仙、闽北水仙和闽南水仙，品质差异甚大，以武夷水仙品质最佳。品质特征是条索肥壮紧结匀整，叶端折皱扭曲，如蜻蜓头，色泽青翠黄绿，油润有光，具"三节色"特征，内质香气浓郁清长，"岩韵"显，汤色金黄，深而鲜艳，滋味浓厚而醇，具有爽口回甘的特征，叶底肥嫩明净，绿叶红边。

（2）武夷奇种　外形条索紧结匀净，叶端折皱扭曲，色泽乌润砂绿，具"三节色"特征，内质香气清匀细长，"岩韵"显，汤色清澈明亮，滋味醇厚，浓而不涩，醇而不淡，回味清甘，叶底软亮匀整。

（3）闽北水仙　外形条索紧结沉重，叶端扭曲，色泽油润，间带砂绿蜜黄（鳝皮色），内质香气浓郁，具有兰花清香，汤色清澈显橙红色，滋味醇厚鲜爽回甘，叶底肥软黄亮，红边鲜艳。

（4）闽北乌龙　外形条索紧细重实，叶端扭曲，色泽乌润，内质香气清高细长，汤色清澈呈金黄色，滋味醇厚带鲜爽，叶底柔软，肥厚匀整，绿叶红边。

（5）政和白毛猴　条索肥壮卷曲，满披白毫，色灰绿而夹有黑条，形状不大整齐，香气高而持久，汤色清碧，主要特征是滋味清快甜和，叶底明亮，老嫩参半。

（6）福鼎白毛猴　芽叶肥壮，条索短而整齐，大部分是白毫嫩芽，色泽灰白浅绿，形状美观，茶汤浅杏绿色，明净晶亮，滋味清淡甜和，毫味很重，微有清香，叶底明亮。

2. 闽南乌龙

闽南乌龙（图2-41）做青时发酵程度较轻，揉捻较重，干燥过程中有包揉工序。

闽南乌龙茶一般品质特征：外形颗粒紧结重实，呈青蒂绿腹蜻蜓头，色泽油润，稍带砂绿，香气浓郁清长，汤色橙黄清亮，滋味醇厚回甘，叶底柔软具红边。

（1）闽南乌龙外形　　　　　　　　（2）闽南乌龙叶底及汤色

图2-41　闽南乌龙

闽南青茶按茶树品种分为铁观音、乌龙、色种。色种不是单一的品种，而是由除铁观音和乌龙外的其他品种青茶拼配而成，这些品种包括：本山、水仙、奇兰、梅占、香橼、黄棪等。

（1）安溪铁观音　铁观音既是茶名，又是茶树品种名，因身骨沉重如铁，形美似观音而得名。是闽南青茶中的极佳品。品质特征是外形条索圆结匀净，多呈螺旋形，身骨重实，色泽砂绿翠润，青腹绿蒂；内质香气清高馥郁，具天然的兰花香，汤色清澈金黄，滋味醇厚甜鲜，入口微苦，立即转甘，"音韵"明显。耐冲泡，七泡尚有余香，叶底开展，肥厚软亮，匀整，边缘下垂，青翠红边显。

（2）安溪乌龙　外形条索壮实，尚匀净，色泽乌润，香气高而隽永，汤色黄明，滋味浓醇，叶底软亮匀整。目前生产甚少。

（3）安溪色种　外形条索壮结匀净，色泽翠绿油润，内质香气清高细锐，汤色金黄，滋味醇厚甘鲜，叶底软亮匀整，红边显。

（4）本山　外形条索稍肥壮、紧结、色泽砂绿润，内质汤色清澈浅黄绿明亮，香气高长，带兰花香或桂花香，滋味醇厚带鲜，叶底叶张略小，叶尾稍尖，主脉略细，稍浮白。

（5）水仙　条索壮结卷曲较闽北水仙略小，色油润，间带砂绿；内质香气清高细长，汤色橙黄清澈明亮，滋味浓厚鲜爽，可泡五六次，叶底厚软黄亮，红边显。

（6）奇兰　条索较铁观音略粗，色泽和叶底接近铁观音，叶型稍长而薄，香味不及铁观音。

（7）梅占　外形肥壮、圆结、砂绿，内质汤色橙黄，香气粗淡，滋味浓厚尚醇，一般不及奇兰。

（8）香橼　叶张近圆而大，条索壮结重实，色泽砂绿油润，内质香气高锐，类似雪梨香，汤色清澈金黄，滋味甘醇耐冲泡，可泡四五次，叶底肥厚完整，红点显。

（9）黄棪　又名黄金桂。外形条索紧结匀整，色泽绿中带黄，内质香气清高优雅，有天然的花香，汤色浅金黄明亮，滋味醇和回甘，叶底黄嫩明亮，红点显。

3. 广东乌龙

广东乌龙（图2-42）盛产于汕头地区的潮安、饶平等县。花色品种主要有水仙、浪菜、单丛、乌龙、色种等。

潮安青茶因主要产区为凤凰乡，一般以水仙品种结合地名而称为"凤凰水仙"。"凤凰单丛"是从凤凰水仙的茶树品种植株中选育出来的优异单株，浪菜采摘多为白叶水仙种，叶色浅绿或呈黄绿色，水仙茶采摘多为乌叶水仙种（叶色呈深绿色）。单丛、浪菜采制精细，水

（1）广东乌龙外形　　　　　　　　　　（2）广东乌龙叶底及汤色

图2-42　广东乌龙

仙稍为粗放。近年来饶平岭头村从凤凰乡引入的凤凰水仙中，培育出品质优异的"单丛"。

（1）凤凰单丛　外形条索肥壮紧结重实，色带褐似鳝皮色，油润有光，内质香气馥郁，有天然的花香，汤色橙黄清澈明亮，滋味浓醇鲜爽回甘，耐冲泡，叶底肥厚柔软，绿腹红边。

（2）凤凰水仙　外形条索肥壮匀整，色泽灰褐乌润；内质香气清香芬芳，汤色清红，滋味浓厚回甘，叶底厚实红边绿心。

4. 台湾乌龙

台湾乌龙分为乌龙和包种。品质以乌龙较好，包种发酵程度较轻，品质接近绿茶。

（1）台湾乌龙　形状卷皱，含有芽叶，色泽青褐，有天然的强烈果香，汤色橙红，滋味醇和，品质因生产季节不同而有较大差异。春茶形状粗松，芽叶较少，茶汤浅薄，香气低，品质较差。夏茶外形美观，芽叶较多，白毫也多，内质汤色鲜艳，香气馥郁，滋味醇厚，品质最好。秋茶滋味浓强，香气不及夏茶。冬茶外形美观，但茶汤淡薄，香气低，品质接近春茶。

（2）台湾包种　外形粗大，无白毫，色泽浅绿，内质汤色金黄，滋味醇和，香气较低，窨花后香气依所用香花而定。

（3）东方美人茶（图2-43）　是台湾省独有的名茶，茶叶外观颇显美感，叶身呈白绿黄红褐五色相间，鲜艳可爱。因为它是半发酵茶叶中发酵度较重的，茶汤水色呈较深的琥珀色，尝起来浓厚甘醇，并带有熟果香和蜂蜜芬芳，风味独特。

（4）冻顶乌龙（图2-44）　产于台湾省南投县凤凰山支脉冻顶山一带。其品质特征是：半球形，色泽碧绿或墨绿，略带白毫；汤色蜜黄或蜜绿明亮，有兰花香，清纯，滋味甘甜爽口，叶底翠绿细软，或略带红镶边。常用"风韵"赞之。

（1）东方美人茶外形　　　　　　　（2）东方美人茶叶底及汤色

图2-43　东方美人茶

（1）冻顶乌龙外形　　　　　　　（2）冻顶乌龙叶底及汤色

图2-44　冻顶乌龙

（五）实训评价

根据实训结果，填写乌龙茶审评实训评价考核评分表（表2-5）。

表2-5　乌龙茶审评实训评价考核评分表

分项	内容	分数	自评分（10%）	组内互评分（10%）	组间互评分（10%）	教师评分（70%）	实际得分值
1	茶样1号名称_____	20分					
2	茶样2号名称_____	20分					
3	茶样3号名称_____	20分					
4	茶样4号名称_____	20分					
5	综合表现	20分					
	合计	100分					

（六）作业

填写茶叶感官审评表（见附录三）。

（七）拓展任务

查阅相关资料，并回答以下问题。
（1）青茶可分为哪几类?

_____

_____

_____

_____

（2）简述安溪铁观音的品质特征。

_____

_____

_____

_____

（八）学习反思

任务五 红茶审评

（扫码观看微课视频）

红茶品质特征（理论）

（一）任务要求

了解红茶的分类，熟悉红茶的感官审评指标，掌握各种红茶的感官审评方法。

（二）背景知识及分析

1. 红茶的分类
红茶的分类如下：

红茶
- 工夫红茶 —— 祁门红茶、滇红、黔红、遵义红等
- 小种红茶 —— 正山小种、人工小种等
- 红碎茶 —— C.T.C.红碎茶、L.T.P.红碎茶等

2. 红茶的加工
红茶的加工流程：

鲜叶 → 萎凋 → 揉捻（揉切）→ 发酵 → 干燥

萎凋的目的是散失适量的水分，减少细胞张力，增加韧性，使叶质变软，便于揉捻做形，随着水分散失，细胞液浓缩，酶活性增强，叶内所含成分发生一定程度的变化。萎凋方法有日光萎凋、室内自然萎凋、萎凋槽萎凋三种。现在常用的是萎凋槽萎凋法。

红茶萎凋叶如图2-45所示，为了使萎凋均匀一致，要求鲜叶老嫩均匀，摊叶厚度要适宜，一般每平方米摊放16kg鲜叶，厚度10～20cm，掌握嫩叶薄摊，老叶厚摊，每小时翻拌一次，雨水叶每半小时翻拌一次；萎凋温度，即鼓风温度，中小叶种以35℃为宜，不要超过38℃，否则失水太快，会出现焦边、焦芽、红变现象。大叶种鲜叶容易变红，风温应比中、小叶种低5℃左右。一般夏秋季节自然气温较高，如在30℃左右时，就不必加温，只鼓自然风即可。对于红碎茶提倡轻萎凋。

萎凋适度后鲜叶含水量为60%～65%，叶质柔软，手握成团，松之即散，嫩茎折之不断，叶色鲜绿转暗绿，无枯芽、焦边、叶子泛红等现象；鲜叶青气部分消失，略有清香；含水量掌握的原则是，嫩叶含水量应掌握偏低、老叶应掌握偏高，即所谓"嫩叶重萎凋，老叶轻

图2-45　红茶萎凋叶

萎凋"。一般萎凋不足，会造成易揉碎、断芽、缺锋苗、茶汁流失、发酵困难、条松而不紧、片多、香味青涩、滋味淡薄；萎凋过度，造成枯芽、焦边、泛红、香低味淡。

揉捻（揉切）的目的是使叶细胞充分破碎，使茶汁外溢，促进基质、酶和氧气充分接触，加速多酚类酶促氧化及一系列物质变化，易于冲泡，增加茶汤浓度，利于造型。

在红茶加工中，揉捻一开始，发酵也随即进行，所以揉捻室的气温应低些为好，湿度大些为宜。在夏秋季节，揉捻室必须喷雾洒水，采取降温增湿的措施。揉捻时加压须掌握"轻—重—轻"的原则，其揉捻时间须根据叶子老嫩来决定，较老的叶子揉捻时间长一些，较嫩的叶子揉捻时间短些。压力和时间是相互联系而又相互影响的，所以加压时注意轻重交替。长时间揉捻，中间要进行解块筛分。

揉捻完成后外形条索紧结，有90%以上叶子卷曲，而红碎茶呈颗粒状，紧结重实，茶汁揉出黏附于叶子表面，叶子局部泛红。揉捻不足，会造成发酵困难、条索松散、滋味淡薄、叶底花青；揉捻过度，会造成茶条断碎、茶汤浑暗、滋味重、香气低、叶底暗。

红茶发酵（图2-46）的目的是进一步促进多酚类化合物在酶的作用下氧化，使其他成分也相应地发生深刻的变化，使绿叶变红，透散青气，形成浓郁香气，增强汤色浓度。茶多酚在酶的作用下氧化为茶黄素、茶红素、茶褐素，溶解于茶汤中形成红茶特有的红艳明亮显金圈的汤色。发酵室应整洁，无阳光直射，有恒温、恒湿设备。

发酵过程中温度不宜控制太高，也不能太低，一般发酵室气温在

图2-46 红茶发酵

25～28℃，叶温以不超过30℃为好；发酵室保持高湿状态，要求相对湿度达到95%，空气新鲜，供氧充足；摊叶厚度一般掌握嫩叶薄摊，粗老叶厚摊，春茶宜厚，夏秋茶宜薄，常采用8～12cm、12～16cm、16～18cm；发酵时间为2.5～3.5h，夏秋茶季节气温高，发酵室的发酵时间可以大大缩短，有的甚至不需要发酵，揉捻结束，发酵也已基本达到要求。

发酵完成后叶色呈红色，发出浓郁的苹果香味。1～2级对光透视呈黄红色，3～4级呈紫红色，叶面及基脉呈红色，青草气消失。发酵不足，会造成香气不高、带青气、冲泡后汤色红暗、泛青色、叶底花青；发酵过度，会造成香气低闷、冲泡后汤色红暗浑浊、滋味淡薄、叶底红暗、多乌条。

干燥是利用合适的温度破坏酶的活性，停止发酵；蒸发过多的水分，使其达到6%含水量，便于贮藏；继续散发青草气，发展茶叶香气。目前常采用自动烘干机、手拉百叶式烘干机或烘笼烘干机等方法烘干。

一般采用二次烘干，即分毛火和足火。毛火要求高温快速，迅速制止酶的活性，散发水分，中间摊晾，使叶内水分重新分布，避免外干内湿；足火要求低温慢烘，蒸发水分，发展香气；摊晾时要求嫩叶薄摊，老叶厚摊，毛火薄摊，足火厚摊。总之烘干厚度、温度、时间、原料这四者之间应有最佳配合，薄摊、高温、烘时短。以自动烘干机为例：毛火时摊叶厚度为1.5～2.0cm，温度100～120℃，时间12～18min，含水量在20%～25%；足火时摊叶厚度2～3cm，温度90～100℃，时间12～18min，含水率达到6%。

毛火叶手捏稍刺手，但叶回软有弹性，折梗不断，含水率20%～25%；足火叶色乌黑油润（或红褐），香气有浓烈茶香，手捏茶一捏即断，手捻茶成末，含水量6%左右。烘干温度、时间与品质关系密切，特别是香气，过高产生老火味；过低香气不足，有时产生闷气或青气。

3. 红茶的审评

工夫红茶审评也分外形、汤色、香气、滋味、叶底五项。外形的条索比松紧、轻重、扁圆、弯直、长秀、短钝。嫩度比粗细、含毫量和锋苗，兼看色泽润枯、匀杂。要紧结圆直，身骨重实。锋苗及白毫显露，色泽乌润调匀。整碎度比匀齐、平伏和下盘茶含量，要锋苗、条索完整，上中下三段茶拼配比例恰当，不脱档，平伏匀称。净度比梗筋、片朴末及非茶类夹杂物含量。高档茶净度要好，中档以下根据级等差别。对梗筋片有不同程度的限量，但不能含有任何非茶类夹杂物。工夫红茶香气以开汤审评为准，区别香气类型、鲜纯、粗老、高低和持久性。一般高级茶香高而长，冷后仍能嗅到余香；中级茶香气高而稍短，持久性较差；低级茶香低而短或带粗老气。以高锐有花香或果糖香、新鲜而持久的好；香低带粗老气的差。汤色比深浅、明暗、清浊。要求汤色红艳，碗沿有明亮金圈，有"冷后浑"的品质好，红亮或红明者次之，浅暗或深暗混浊者最差。但福建省的小种红茶有松烟香和桂圆汤味为上品。叶底比嫩度和色泽。嫩度比叶质软硬、厚薄、芽尖多少，叶片卷摊。色泽比红艳、亮暗、匀杂及发酵程度。要求芽叶齐整匀净，柔软厚实，色泽红亮鲜活，忌花青乌条。

世界产茶国所产的红茶，大多是红碎茶，目前消费的主要是碎、片、末三个类型。我国生产的红碎茶因产地、品种、栽培管理和加工工艺不同，全国有四套标准样，规格分叶、碎、片、末。叶茶条紧结挺直，碎茶呈颗粒，片茶皱卷，末茶砂粒状。我国的红碎茶也有个别特殊规格，如叶茶以其特有的茶身长、圆、紧、直为优。大叶种以其特有金黄芽毫为优。末茶以砂粒为好。红碎茶审评以内质的汤味、香气为主，外形为辅。开汤审评取样3g，投入审评杯，150mL沸水冲泡5min。

国际市场对红碎茶品质要求：外形要匀正、洁净、色泽乌黑或带褐红色而油润。内质要鲜、强、浓，忌陈、钝、淡，要有中和性，汤色要红艳明亮，叶底红匀鲜明。

外形主要比匀齐度、色泽、净度。匀齐度比颗粒大小、匀称、碎片末茶规格分清。评比重实程度。碎茶加评含毫量，叶茶外形评比匀、直、整碎、含毫量和色泽。色泽评比乌褐、枯灰、鲜活、匀杂。一般早期茶色乌，后期色红褐或棕红、棕褐，好茶色泽润活，次茶灰枯。净度比筋皮、毛衣、茶灰和杂质。红碎茶对红茎梗含量一般要求不严，特别是季节性好茶，虽含有嫩茎梗，但并不影响质量。内质主要评比滋味的浓、强、鲜和香气以及叶底的嫩度、匀亮度，红碎茶香味要求鲜爽、强烈、浓厚（简称鲜、强、浓）的独特风格，三者既有区别又要相互协调。浓度比茶汤浓厚程度，茶汤进口即在舌面有浓稠感觉，如用滴管吸取茶汤，滴入清水中，扩散缓慢的为浓，品质好，淡薄为差。强度是红碎茶的品质风格，比刺激性强弱，以强烈刺激感有时带微涩，无苦味或不愉快感为好茶，醇和平和为差。鲜度比鲜爽程度，以清新、鲜爽为好，迟钝、陈气为次。一般红碎茶在风格对路的情况下，以浓度为主，鲜、强、浓三者俱全又协调来决定品质高低。对有些高档茶，以特有芬芳香气，细嫩而不太浓的茶味取胜。季节性好茶，以特有清新、愉快香味取胜，应区别对待，香味中有烟焦霉馊或沾有异味的均属劣茶。汤色以红艳明亮为好，灰浅暗浊为差。决定汤色的主要成分是茶黄素（TF）和茶红素（TR）。汤色的深浅与TF和TR总量有关，而明亮度与TF与TR的比例有关，在一定限度内比值越大，汤色越鲜艳。茶汤的乳凝现象，是汤质优良的表现。习惯采用加奶审评的，每杯茶中加入茶汤1/10的鲜牛奶，加量过多不利于识别汤味。加奶后汤色以粉红明亮或棕红明亮为好，淡黄微红或淡红较好，暗褐、淡灰、灰白者差。加奶后的汤味，要求仍能尝出明显的茶味，这是茶汤浓的反应。茶汤入口两腮立即有明显的刺激感，是茶汤强烈的反应，如果是奶味明显，茶味淡薄，汤质就差。叶底比嫩度、匀度和亮度。嫩度以柔软、肥厚为好，糙硬、瘦薄为差。匀度比老嫩均匀和发酵均匀程度，以颜色均匀红艳为好，驳杂发暗为差。亮度反映鲜叶嫩度和工艺技术水平，红碎茶叶底着重红亮度，而嫩度相当即可。

（三）实训步骤及实施

1. 实训地点
茶叶审评实训室。

2. 课时安排
实训授课10学时，每2个学时审评4个茶样，每个茶样可重复审评一次，每两个课时90min，其中教师讲解30min，学生分组练习50min，考核10min。

3. 实训步骤
（1）实训开始。
（2）备具　评茶盘、评茶杯碗、叶底盘、茶匙、天平、定时钟等。

（扫码观看微课视频）

红茶审评操作及
注意事项（上）

红茶审评操作及
注意事项（下）

（3）备样　滇红特级、滇红一级、遵义红、贵州古树红茶、普安红、都匀红茶、铜仁红茶、祁红、川红、坦洋工夫、C.T.C.红碎茶、其他红碎茶。

（4）按照模块一项目一中的任务三分别审评1至4号茶样/审评5至8号茶样/审评9至12号茶样/审评13至16号茶样/审评17至20号茶样。

（5）收样。

（6）收具。

（7）实训结束。

（四）实训预案

红茶在初制时，鲜叶先经萎凋，增强酶活性，然后再经揉捻或揉切、发酵和烘干，形成红茶红汤红叶香味甜醇的品质特征。

红茶有红碎茶和红条茶之分，红碎茶品质要求汤味浓、强、鲜，发酵程度偏轻，多酚类保留量为55%～65%。红条茶（即工夫红茶和小种红茶）滋味要求醇厚带甜，发酵较充分，多酚类保留量不到50%。

1. 红条茶

红条茶按初制方法不同分小种红茶和工夫红茶。

（1）小种红茶　是我国福建省特产，初制工艺流程：

鲜叶 → 萎凋 → 揉捻 → 发酵 → 过红锅（杀青）↓ 熏焙 ← 复揉

由于采用松柴明火加温萎凋和干燥，干茶带有浓烈的松烟香。

小种红茶以武夷山市桐木村的桐木关所产的品质最佳，称"正山小种"或"星村小种"。福安市和政和县等地仿制的称"人工小种"或"烟小种"。

正山小种：外形条索粗壮长直，身骨重实，色泽乌黑油润有光，内质香高，具松烟香，汤色呈糖浆状的深金黄色，滋味醇厚，似桂圆汤味，叶底厚实光滑，呈古铜色。

人工小种：又称烟小种，条索近似正山小种，身骨稍轻而短钝；带松烟香，汤色稍浅，滋味醇和，叶底略带古铜色。

（2）工夫红茶　是我国独特的传统产品，因初制揉捻工序特别注意条索的紧结完整，精制时颇费工夫而得名。外形条索细紧平伏匀称，色泽乌润，内质汤色，叶底红亮，香气馥郁，滋味甜醇。因产地、茶树品种等不同，品质也有差异。可分为祁红、滇红、川红、宜红、宁红、闽红等。

祁红（图2-47）：产于安徽祁门及其毗邻各县。制工精细，外形条索细紧而稍弯曲，有锋苗，色泽乌润略带灰光，内质香气特征最为明显，带有类似蜜糖或苹果的香气，持久不散，在国际市场誉为"祁门香"，汤色红艳明亮，滋味鲜醇带甜，叶底鲜红明亮。

（1）祁红外形　　　　　　　　（2）祁红汤色

图2-47　祁红

滇红（图2-48）：产于云南省临沧市的凤庆县、双江县等地，用大叶种茶树鲜叶制成，品质特征明显，外形条索肥壮紧结重实，匀整，色泽乌润带红褐，金毫特多，内质香气高，汤色红艳带金圈，滋味浓厚刺激性强，叶底肥厚，红嫩鲜明。

（1）滇红外形　　　　　　　　（2）滇红叶底及汤色

图2-48　滇红

遵义红（图2-49）：外形条索紧结，壮实美观，有锋苗，多毫，色泽乌润，内质香气鲜而带花香，汤色红亮，滋味鲜醇爽口，叶底红明匀整。

宜红（图2-50）：外形条索细紧有毫，色泽尚乌润，内质香气甜纯似祁红，汤色红亮，滋味尚鲜醇，叶底红亮。

宁红：外形条索紧结，有红筋稍短碎，色泽灰而带红，内质香气清鲜，汤色红亮稍浅，滋味尚浓略甜，叶底开展。

闽红：分白琳工夫、坦洋工夫和政和工夫三种。白琳工夫：外形

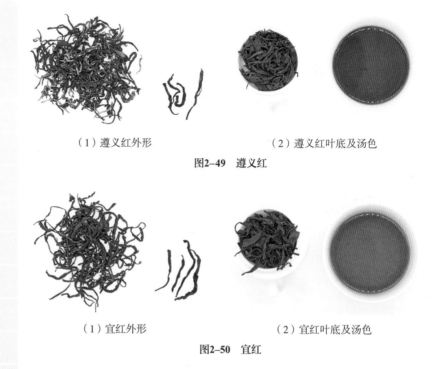

（1）遵义红外形　　　　　　　　　（2）遵义红叶底及汤色

图2-49　遵义红

（1）宜红外形　　　　　　　　　（2）宜红叶底及汤色

图2-50　宜红

条索细长弯曲，多白毫，带颗粒状，色泽黄黑，内质香气纯而带甘草香，汤色浅而明亮，滋味清鲜稍淡，叶底鲜红带黄。坦洋工夫：外形条索细薄而飘，带白毫，色泽乌黑有光，内质香气稍低，茶汤呈深金黄色，滋味清鲜甜和，叶底光滑。政和工夫：分大茶和小茶两种。

2. 红碎茶

红碎茶在初制时经过充分揉切，细胞破坏率高，有利于多酚类酶性氧化和冲泡，形成香气高锐持久，滋味浓强鲜爽，加牛奶白糖后仍有较强茶味的品质特征。因揉切方法不同，分为传统红碎茶、C.T.C.红碎茶（图2-51）、转子（洛托凡）红碎茶、L.T.P.（即劳瑞式锤击机）红碎茶和不萎凋红碎茶五种。各种红碎茶又因叶型不同分为

（1）C.T.C.红碎茶外形　　　　　　（2）C.T.C.红碎茶汤色及叶底

图2-51　C.T.C.红碎茶

叶茶、碎茶、片茶和末茶四类，都有比较明显的品质特征，因产地、品种等不同，品质特征也有很大差异。

（1）不同工艺红碎茶的品质特征

①传统红碎茶：传统揉捻机自然产生的红碎茶滋味浓，强度常较卷成条索的叶茶为好。为了增加红碎茶的产量，将棱骨改成刀口，采取加压多次揉切的方法。这种盘式揉切法实际上对增加细胞破坏率的效果并不大，相反地叶子却长时间闷在揉桶中升温高，而使香味欠鲜强，汤色、叶底欠明亮。但干茶色泽较乌润，颗粒也较紧结重实。目前生产上已很少应用，有的应用传统揉捻机"打条"，再用转子机切碎。本法所制成的成品有叶茶、碎茶、片茶、末茶四种花色。

②转子红碎茶：萎凋叶在转筒中挤压推进的同时，达到轧碎叶子和破坏细胞的目的。品质特征是外形颗粒不及传统或C.T.C.红碎茶紧结重实，但主要问题是在转子中叶温过高，致使揉切叶内的多酚类酶性氧化过剧而使有效成分下降，在一定程度上，降低了转子红碎茶的鲜强度。

③C.T.C.红碎茶：彻底改变了传统的揉切方法。萎凋叶通过两个不锈钢滚轴间隙的时间不到一秒钟就达到了充分破坏细胞的目的，同时使叶子全部轧碎成颗粒状。发酵均匀而迅速，所以必须及时烘干，才能获得汤味浓、强、鲜的品质特征。但由于C.T.C.揉切机的机械性能和精密度较高，对鲜叶嫩匀度的要求也较高，两个滚轴的间隙必须调节适当，品质才能保证。产品全部为碎茶，颗粒大小依叶子厚薄及滚轴间隙决定。较其他碎茶稍大而重实匀整，色泽泛棕，成为C.T.C.红碎茶的特征。

④L.T.P.红碎茶：像锤击磨碎机，用离心风扇输入和输出叶子，不需要预揉捻，对叶细胞的破坏程度比C.T.C.更大，具有强烈、快速、低温揉切的特性。产品几乎全部为片、末茶，颗粒形碎茶极少，色泽红棕，鲜强度较好，略带涩味，汤色红亮，叶底红匀。该法采用L.T.P.机与C.T.C.机联装可产生颗粒紧结的碎茶。

⑤不萎凋红碎茶：在雨天因设备不足，来不及进行加温萎凋时，鲜叶就不经萎凋，直接用切烟机（Legg-Cut）切成细条后揉捻，再经发酵、烘干。品质特征外形都是扁片，内质汤色，叶底红亮，香味带青涩，刺激性强。

（2）不同叶型红碎茶品质特征

①叶茶：传统红碎茶的一种花色。条索紧结挺直匀齐，色泽乌润，内质香气芬芳，汤色红亮，滋味醇厚，叶底红亮多嫩茎。

②碎茶：外形颗粒重实匀齐，色泽乌润或泛棕，内质香气馥郁，汤色红艳，滋味浓强鲜爽，叶底红匀。

③片茶：外形全部为木耳形的屑片或皱褶角片，色泽乌褐，内质香气尚纯，汤色尚红，滋味尚浓略涩，叶底红匀。

④末茶：外形全部为砂粒状末，色泽乌黑或灰褐，内质汤色深暗，香低味粗涩，叶底红暗。

（3）不同产地品种红碎茶的品质特征　因产地品种不同，我国有四套红碎茶标准样，用大叶种制成的一、二套样红碎茶，品质高于用中小叶种制成的三、四套样红碎茶。

①大叶种红碎茶：外形颗粒紧结重实，有金毫，色泽乌润或红棕，内质香气高锐，汤色红艳，滋味浓强鲜爽，叶底红匀。

②中小叶种红碎茶：外形颗粒紧卷，色泽乌润或棕褐，内质香气高鲜，汤色尚红亮，滋味欠浓强，叶底尚红匀。

（4）国外红碎茶的品质特征　国外红碎茶的主要产区在印度东北部、斯里兰卡以及肯尼亚等，各国红碎茶的香气品质各有特色。

①印度红碎茶：主要茶区在印度东北部，以阿萨姆产量最多，其次为大吉岭和杜尔司等。阿萨姆红碎茶用阿萨姆大叶种制成。品质特征是外形金黄色毫尖多，身骨重，内质茶汤色深味浓，有强烈的刺激性。大吉岭红碎茶用中印杂交种制成。外形大小相差很大。具有高山茶的品质特征，有独特的馥郁芳香，称为"核桃香"。杜尔司红碎茶用阿萨姆大叶种制成。因雨量多，萎凋困难，茶汤刺激性稍弱，浓厚欠透明。不萎凋红茶刺激性强，但带涩味，汤色、叶底红亮。

②斯里兰卡红碎茶：按产区海拔不同，分为高山茶、半山茶和平地茶三种。茶树大多是无性系的大叶种，外形没有明显差异，芽尖多，做工好，色泽乌黑匀润，内质高山茶最好，香气高，滋味浓。半山茶外形美观，香气醇厚。平地茶外形美观，滋味浓而香气低。

③孟加拉红碎茶：主要产区为雪尔赫脱和吉大港，雪尔赫脱红碎茶做工好，汤色深，香味醇和。吉大港红碎茶形状较小，色黑，茶汤色深而味较淡。

④印度尼西亚红碎茶：主要产区为爪哇和苏门答腊。爪哇红碎茶制工精细，外形美观，色泽乌黑。高山茶有斯里兰卡红碎茶的香味。平地茶香气低，茶汤浓厚而不涩。苏门答腊红碎茶品质稳定，外形整齐，滋味醇和。

⑤苏联红碎茶：主要产区为格鲁吉亚，北至克拉斯诺达尔边区，气候较冷，都是小叶种，20世纪50年代初期曾从我国大量引进祁门槠叶种，淳安鸠坑种。采用传统制法。外形匀称平伏，揉捻较好，内质香气纯和，汤色明亮，滋味醇而带刺激性，叶底红匀尚明亮。

⑥东非红碎茶：主要产区有肯尼亚、乌干达、坦桑尼亚、马拉维等。用大叶种制成，品质中等。近年来肯尼亚红碎茶品质提高较明显。

（五）任务评价

根据实训结果，填写红茶审评评价考核评分表（表2–6）。

表2–6　红茶审评评价考核评分表

分项	内容	分数	自评分（10%）	组内互评分（10%）	组间互评分（10%）	教师评分（70%）	实际得分值
1	茶样1号名称_____	20分					
2	茶样2号名称_____	20分					
3	茶样3号名称_____	20分					
4	茶样4号名称_____	20分					
5	综合表现	20分					
	合计	100分					

（六）作业

填写茶叶感官审评表（见附录三）。

（七）拓展任务

查阅相关资料，并回答下述问题。

（1）红茶可分为哪几类？

_____

_____

_____

（2）红茶的感官审评指标包括哪些？

_____

_____

_____

_____

班级

小组

姓名

实训测评页

（3）世界红茶产销有何特征？

_____

_____

_____

_____

_____

（八）学习反思

任务六　黑茶、紧压茶审评

（扫码观看微课视频）

黑茶品质特征（理论）

（一）任务要求

了解黑茶的分类，掌握黑茶品质的感官审评指标，了解普洱散茶、云南沱茶、饼茶、紧茶、普洱方茶、米砖茶的品质特征。

学习笔记

（二）背景知识及分析

加工黑茶的鲜叶原料（图2-52）较为粗老，在干燥前或后进行渥堆，渥堆过程堆大，叶量多，温湿度高，时间长，促使多酚类充分进行自动氧化，除表没食子儿茶素的含量较黄茶略多外，各种儿茶素的含量都比黄茶少，渥堆过程儿茶素损耗率也相应较大，而使黑茶的香味变得更加醇和，汤色深，澄黄带红，干茶和叶底色泽都较暗褐。

图2-52　加工黑茶的鲜叶原料

1. 黑茶的分类
黑茶的分类如下：

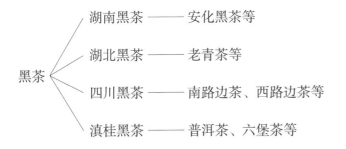

2. 黑茶的加工

黑毛茶精制后大部分再加工成压制茶，少数压成篓装茶。还有用晒青加工成紧压黑茶。

黑毛茶工艺流程：

鲜叶 → 杀青 → 揉捻 → 渥堆 → 干燥

或

鲜叶 → 杀青 → 揉捻 → 干燥 → 湿水渥堆 → 干燥

其中渥堆是将揉捻叶堆积起来，通过堆内的湿热作用（还有部分微生物作用），除去部分涩味和粗老味，使叶色由暗绿变成黄褐，形成黑茶汤色橙黄、滋味醇和、叶底黄褐或黑褐的品质特征。渥堆过程（普洱茶渥堆见图2-53、普洱茶翻堆见图2-54）实质上是一个后发酵过程，是黑茶品质既不同于红茶更不同于绿茶的关键工序。

图2-53　普洱茶渥堆

图2-54　普洱茶翻堆

3. 黑毛茶（散茶）审评

（1）审评方法　选择150mL或250mL的柱形杯审评，称取有代表性茶样3.0g或5.0g，茶水质量体积比1∶50，置于相应的审评杯中，注满沸水，加盖浸泡2min，按冲泡次序依次等速将茶汤沥入评茶碗中，审评汤色、嗅杯中叶底香气、尝滋味后，进行第二次冲泡，时间5min，沥出茶汤依次审评汤色、香气、滋味、叶底。结果汤色以第一泡为主评判，香气、滋味以第二泡为主评判。

（2）审评要点　黑毛茶审评以干评外形的嫩度和条索为主，兼评含杂量、色泽和干香。一二级黑毛茶也有结合湿评香气和滋味。黑毛茶的持嫩性较差，有一定的老化枝叶。评嫩度看叶质的老嫩。评条索比松紧、轻重，以成条率高，较紧结为上，以成条率低、松泡、皱褶、粗扁、轻飘者为一般。评色泽比颜色和枯润度，以油黑为优，黄绿花杂或铁板青色者为次。南路边茶以黄褐，浅棕褐或青黄色为正常。净度看黄梗、浮叶及其他夹杂物的含量。嗅干香以有火候香带松烟气为佳，火候不足或烟气太重较次，粗老香气低微或有日晒气者为差。有渥堆气、霉气等为劣。评滋味以汤味醇正者为好，味粗淡或苦涩者为差。叶底以黄褐带竹青色为好，夹杂红叶、绿色叶者为次。

4. 压制茶审评

（1）审评方法　选择150mL或250mL的柱形杯审评，称取有代表性茶样3.0g或5.0g，茶水质量体积比1：50，置于相应的审评杯中，注满沸水，依紧压程度加盖浸泡2~5min，按冲泡次序依次等速将茶汤沥入评茶碗中，审评汤色、嗅杯中叶底香气、尝滋味后，进行第二次冲泡，时间5~8min，沥出茶汤依次审评汤色、香气、滋味、叶底。结果以第二泡为主，综合第一泡进行评判。

（2）审评要点　外形审评应对照标准样进行实物评比，压制茶中的分里面茶和不分里面茶的审评方法和要求都不同。

①分里面茶：如青砖、米砖、康砖、紧茶（原为心形，现改为小长方形）、圆茶、饼茶、沱茶等，评整个（块）外形的匀整度、松紧度和撒面三项因子。匀整度看形态是否端正，棱角是否整齐，压模纹理是否清晰。松紧度看厚薄、大小是否一致，紧厚是否适度，撒面（图2-55）看是否包心外露，起层落面，撒面茶应分布均匀。再将个体分开，检视梗子嫩度、里茶（图2-56）或面茶有无霉烂、夹杂物等情况。

图2-55　撒面　　　　　　　图2-56　里茶

②不分里面茶：筑成篓装的成包或成封产品有湘尖、六堡茶。其外形评比梗叶老嫩及色泽，有的评比条索和净度。压制成砖形的产品在黑砖、茯砖、花砖、金尖，外形评比匀整、松紧、嫩度、色泽、净度等项。匀整即形态端正，棱角整齐，模纹清晰，有无起层落面，松紧指厚薄、大小一致。嫩度看梗叶老嫩。色泽看油黑程度。净度看筋梗、片、末、朴籽的含量以及其他夹杂物。条索如湘尖、六堡看是否成条。茯砖加评"发花"状况，以金花茂盛、普遍、颗粒大者为好。

审评外形的松紧度，黑砖、青砖、米砖、花砖是蒸压越紧越好，茯

（扫码观看微课视频）

黑茶审评操作及
注意事项（上）

黑茶审评操作及
注意事项（下）

学习笔记

砖、饼茶、沱茶就不宜过紧，松紧要适度。审评色泽，金尖要猪肝色，紧茶要乌黑油润，饼茶要黑褐色油润，茯砖要黄褐色，康砖要棕褐色。

（3）内质审评　汤色比红、明度。花砖、紧茶呈橘黄色，沱茶要橙黄明亮，方包为棕红色，康砖、茯砖以橙黄或橙红为正常，金尖以红带褐为正常。香气：米砖、青砖有烟味是缺点，方包茶有焦烟气味却属正常。滋味审评是否有青、涩、馊、霉等。叶底色泽：康砖以深褐色为正常，紧茶、饼茶嫩黄色为佳。含梗量：米砖不含梗子，青砖、茯砖、黑砖、花砖、紧茶、康砖、饼茶按品质标准允许含有一定比例当年生嫩梗，不得含有隔年老梗。

（三）实训步骤及实施

1. 实训地点
茶叶审评实训室。

2. 课时安排
实训授课4学时，每2个学时审评4个茶样，普洱散茶茶样可重复审评一次，每两个课时90min，其中教师讲解30min，学生分组练习50min，考核10min。

3. 实训步骤
（1）实训开始。
（2）备具　评茶盘、评茶杯碗、叶底盘、茶匙、天平、定时钟等。
（3）备样　宫廷普洱散茶、一级普洱散茶、三级普洱散茶、云南沱茶、七子饼茶生茶、七子饼茶熟茶、茯砖茶、米砖茶、老青茶等。
（4）审评流程参照模块一项目一中的任务三进行，审评冲泡时间及要领应按照本任务理论及分析中的审评方法。
（5）收样。
（6）收具。
（7）实训结束。

（四）实训预案

黑茶的品质特征主要有以下几种。

1. 黑毛茶
一般以一芽四五叶的鲜叶为原料，外形条索尚紧、圆直，色泽尚

黑润，内质香气纯正，汤色橙黄，滋味醇和，叶底黄褐以竹叶青色为
上品。其中滇青毛茶（图2-57）是黑毛茶中的一种。

（1）滇青毛茶外形　　　　　　　（2）滇青毛茶叶底及汤色

图2-57　滇青毛茶

2. 篓装黑茶

篓装黑茶分湖南湘尖、广西六堡茶和四川方包茶三种。

（1）湘尖　外形条索尚紧，色泽黑褐，内质香气纯和带松烟香，
汤色橙黄，滋味醇厚，叶底黄褐尚嫩。

（2）六堡茶　六堡茶毛茶外形条索粗壮长整不碎，紧压篓装六堡
成品茶的茶身紧，结成块状，色泽黑褐光润，内质汤色紫红，香味陈
醇，有松烟香和槟榔味，清凉爽口，有去热解闷的作用，在炎热闷湿
的气候条件下，饮后舒适，叶底暗褐色，越陈越好。

（3）方包茶　方包茶是将原料茶筑制在方形篾包中而称为方包
茶。其品质特点是梗多叶少，色泽黄褐，内质汤色深红略暗，有烟焦
香气，滋味和淡，叶底粗老黄褐。

3. 压制黑茶

压制黑茶湖南有黑砖茶、花砖茶和茯砖茶（图2-58），四川有康
砖茶、金尖等。

（1）茯砖茶外形　　　　　　　（2）茯砖茶汤色

图2-58　茯砖茶

（1）黑砖茶　砖形，色泽黑褐，内质汤色深黄或红黄微暗，香气纯正，滋味浓厚微涩，叶底暗褐，老嫩欠匀。

（2）花砖茶　砖形，正面边有花纹，色泽黑润，内质香气纯正，汤色红黄，滋味浓厚微涩，叶底老嫩尚匀。

（3）茯砖茶　砖形、砖内金花普遍茂盛，色泽黄褐，内质香气有金花清香，汤色橙黄明亮，滋味醇和，叶底黑褐色。

（4）康砖茶　圆角长方形，色泽黄褐，内质香气纯正，汤色黄红，滋味纯尚浓，叶底较粗老，深褐稍花暗。

（5）金尖茶　椭圆枕柱形，色泽棕褐，内质香气平和带油香，汤色红褐，滋味纯正，叶底棕褐微黄。

4. 压制晒青黑茶

压制晒青黑茶有湖北的青砖茶，云南的紧茶和圆茶等。

（1）青砖茶　外形端正光滑，厚薄均匀，色泽青褐，内质汤色红黄明亮，具有青砖特殊的香味而不青涩，叶底暗褐粗老。

（2）紧茶　外形原为有柄心脏形，现改为小砖形，厚薄均匀，色泽尚乌，内质汤色橙较深，香气尚纯，滋味醇和，叶底老嫩欠匀。

（3）圆茶　即七子饼茶（图2-59），圆饼形，色泽乌润，内质香气清纯，汤色橙黄，滋味醇厚，叶底尚嫩匀。

（1）普洱生茶外形　　　　　　　（2）普洱生茶叶底及汤色

（3）普洱熟茶外形　　　　　　　（4）普洱熟茶叶底及汤色

图2-59　七子饼茶

（五）实训评价

根据实训结果，填写黑茶审评实训评价考核评分表（表2–7）。

表2–7　黑茶审评实训评价考核评分表

分项	内容	分数	自评分 （10%）	组内互评分 （10%）	组间互评分 （10%）	教师评分 （70%）	实际得分值
1	茶样1号 名称_____	20分					
2	茶样2号 名称_____	20分					
3	茶样3号 名称_____	20分					
4	茶样4号 名称_____	20分					
5	综合表现	20分					
	合计	100分					

（六）作业

填写茶叶感官审评表（见附录三）。

（七）拓展任务

查阅相关资料，并回答以下问题。
（1）黑茶可分为哪几类？

_____

_____

_____

_____

（2）云南普洱茶越陈越香，这种说法正确吗？

_____

_____

_____

_____

班级

小组

姓名

实训测评页

（八）学习反思

模块三　高级茶叶审评技能要求

项目一　再加工茶审评

（扫码观看微课视频）

再加工茶品质特征（理论）

任务一　花茶审评

（一）任务要求

了解花茶的分类，熟悉花茶品质的感官审评指标，掌握茉莉狗牯脑、茉莉双龙银针、桂花茶、桂花龙井茶、金银花茶的感官审评方法，熟悉茉莉花茶的传说和常用的茶叶储存方法。

（二）背景知识及分析

花茶属再加工茶类。所谓再加工茶，是指毛茶经过精制后，再行加工的茶。目前，我国再加工茶除花茶之外，还有压制茶和速溶茶、茶饮料等。花茶是精制后的茶经过窨花而制成的，通常所用的香花有茉莉（图3-1）、白玉兰、珠兰、玳玳、柚子、桂花、玫瑰等，不同香花窨制的花茶品质各具特色。

___学习笔记___

图3-1　茉莉

茉莉花茶的加工（图3-2）流程：

$$\boxed{茶坯处理} \to \boxed{鲜花维护} \to \boxed{窨花拼和} \to \boxed{通花散热}$$

$$\boxed{匀堆装箱} \leftarrow \boxed{复火摊晾} \leftarrow \boxed{起花} \leftarrow \boxed{收堆续窨}$$

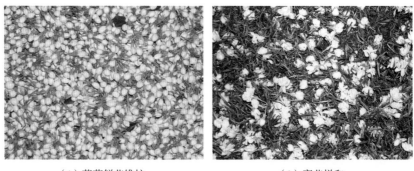

（1）茉莉鲜花维护　　　　　　（2）窨花拼和

（3）白玉兰鲜花处理　　　（4）拼入白玉兰鲜花过多易形成透兰

图3-2　茉莉花茶的加工

　　窨制茉莉花茶的品质要求是：花香鲜灵、持久、纯正。香气应芬芳清锐、不闷不浊，滋味醇和鲜爽，不苦不涩，汤色黄绿或淡黄，叶底匀亮。花茶具有素茶的纯正茶味，又有鲜花之幽雅香气，独具风格。

1. 茉莉花茶审评方法

　　花茶审评外形基本与素茶相同。内质审评方法多采用单杯1次或单杯2次审评法。

　　（1）单杯一次冲泡法　称取3g茶样，用150mL审评杯，240mL审评碗，沸水冲泡，如有花瓣、花萼、花蒂等花类夹杂物，必须先拣净，再称量。冲泡时间为5min，开汤后先看汤色是否正常，看汤色时间要快；接着趁热嗅香气，审评鲜灵度，温嗅浓度和纯度；再评滋味，花香味上口快而爽口，说明鲜灵度好；再冷嗅香气，评比香气的持久性。这种方法对花茶审评技术比较熟练的人员可采用。

（2）单杯二次冲泡法　是GB/T 23776—2018《茶叶感官审评方法》中载明的使用方法。拣除茶样中的花瓣、花萼、花蒂等花类夹杂物，称取有代表性茶样3.0g，置于150mL精制评茶杯中。注满沸水，加盖浸泡3min，按冲泡次序依次等速将茶汤沥入评茶碗中，审评汤色、香气（鲜灵度和纯度）、滋味；第二次冲泡5min，沥出茶汤，依次审评汤色、香气（浓度和持久性）、滋味、叶底。结合两次冲泡综合评判。这种方法比一次冲泡法好，但操作上麻烦一些，时间会长一些。

2. 茉莉花茶审评因子

茉莉花茶感官审评的品质因子有8项。外形为条索、整碎、色泽、净度；内质为香气、滋味、叶底嫩度、叶底色泽。汤色作为参考因子。

（1）外形审评　茉莉花茶外形如图3-3所示。

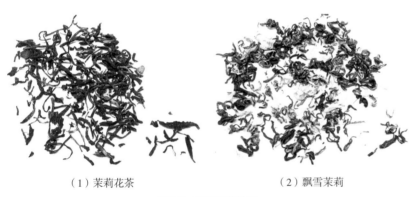

（1）茉莉花茶　　　　　　　（2）飘雪茉莉

图3-3　茉莉花茶外形

①条索：比细紧或粗松，比茶质轻重，比茶身圆扁、弯直，比有无锋苗及长秀短钝、有无毫芽等。评比时要注意鉴别细与瘦、壮与粗的差别，毫芽要肥壮不可与驻芽相混淆。

②整碎：比面张茶、中段茶、下段茶的比重和筛号茶拼配匀称适宜，察看面张茶是否平伏和筛档的匀称情况，特别要注意下段茶是否超过标准。

③色泽：比枯润、比匀杂、比颜色。要注意花茶经过窨制其颜色与绿茶对比应显得绿中泛黄。

④净度：比梗、筋、片、籽等含量，以及非茶类夹杂物。

（2）内质审评

①香气：比鲜灵度，比浓度，比纯度。鲜灵度为嗅之有茉莉鲜花香气，香气感觉越明显越敏锐表明鲜灵度越好。浓度高低不但反映在香气高纯上，还反映在持久耐泡上。一嗅尚香、二嗅香微、三嗅香尽表明浓度低。劣质花茶香味常不纯，有浊闷味、水闷味、花蒂味、透素、透兰等。要注意分辨花茶中可能出现的品质缺陷。当审评因子不易区别时，可采用二次冲泡法。第一次冲泡3min嗅香，着重鉴定鲜灵度；第二次冲泡5min，着重鉴定浓度，浓度高低在第二次冲泡时容易区别。纯度用来评鉴茉莉花香气是否纯正，是否杂有其他花香型的香气或其他气味。

②汤色：比明亮程度。色泽黄亮或绿黄明亮为好。

③滋味：比醇和、比鲜爽、比浓厚。茉莉花茶茶汤要求醇和而不苦不涩，鲜爽而不闷不浊。忌显绿茶生青或涩味。

④叶底：嫩度和色泽比粗老肥嫩，比叶质硬挺柔软，以软嫩为佳。色泽比颜色、比亮暗、比匀杂，以黄绿匀亮为佳。

（三）实训步骤及实施

1. 实训地点

茶叶审评实训室。

2. 课时安排

实训授课6学时，每2个学时审评4个茶样，每个茶样可重复审评一次，每两个课时90min，其中教师讲解30min，学生分组练习50min，考核10min。

3. 实训步骤

（1）实训开始。

（2）备具　评茶盘、评茶杯碗、叶底盘、茶匙、天平、定时钟等。

（3）备样　茉莉狗牯脑、茉莉双龙银针、桂花茶、桂花龙井茶、金银花茶、茉莉花茶特级（贵州茶坯）、茉莉花茶特级（云南茶坯）、白毫茉莉、飘雪茉莉等。

（4）审评流程参照模块一项目一中的任务三进行，审评冲泡时间及要领应按照本项目理论及分析中的审评方法。

（5）收样。

（6）收具。

（7）实训结束。

（扫码观看微课视频）

花茶审评操作及
注意事项（上）

花茶审评操作及
注意事项（下）

（四）实训预案

不同品种茉莉花茶品质特征见表3-1。

表3-1 不同品种茉莉花茶品质特征

名称	产地	成品茶品质特征
茉莉狗牯脑	产于江西省南昌茶厂	外形细嫩匀净；内质汤色黄亮，花香鲜灵持久，滋味醇厚，饮后齿颊留香，余味无穷，为花中珍品
茉莉双龙银针	产于浙江省金华茶厂	外形条索紧细如针，匀齐挺直，满披银色白毫；内质汤色清澈明亮，香气鲜灵浓厚
桂花龙井茶	产于浙江杭州	外形扁平挺直，色泽翠绿光润，花如叶里藏金，色泽金黄。内质汤色绿黄明亮，香气清香持久，滋味醇香适口，叶底嫩黄明亮
金银花	产于浙江温州	外形有紧细，黄绿相间；内质汤清澈黄亮，滋味鲜醇爽口，饮后沁人心脾，为防暑降温的好饮料

（五）实训评价

根据实训结果，填写花茶审评实训评价项目考核评分表（表3-2）。

表3-2 花茶审评实训评价项目考核评分表

分项	内容	分数	自评分（10%）	组内互评分（10%）	组间互评分（10%）	教师评分（70%）	实际得分值
1	茶样1号名称_____	20分					
2	茶样2号名称_____	20分					
3	茶样3号名称_____	20分					
4	茶样4号名称_____	20分					
5	综合表现	20分					
	合计	100分					

（六）作业

填写茶叶感官审评表（见附录三）。

（七）拓展任务

（1）查阅书籍、文献等相关资料，了解更多花茶的种类。

_____

_____

_____

_____

（2）根据拓展知识，了解茶叶变质、变味、陈化的原因。

茶叶的储存

1. 茶叶储存的重要性

　　茶叶是一种特殊的商品，具有很强的吸附性、吸湿性和陈化性，很容易吸收异味，受潮导致陈化，极易受到水分、温度、空气、光线的影响而降低质量。因此，茶叶的储存要求较高，基本上采取低温、避光、无氧储藏，多层复合材料抽氧充氮，使茶叶从加工后到饮用前处于干燥、低温、密封的环境中。同时，要注意不要让茶叶受到挤压、撞击，以保持茶叶的原形、本色和真味。

2. 茶叶变质、变味、陈化的原因

　　（1）温度　温度越高，茶叶品质变化越快，平均每升高10℃，茶叶的色泽褐变速度将增加3到5倍。如果把茶叶储存在0℃以下的地方，较能抑制茶叶的陈化和品质的损失。

　　（2）水分　茶叶水分含量在3%左右时，茶叶成分与水分子呈单层分子关系，当水分含量大于5%时，水分就会转变成溶剂作用，引起激烈变化，加快茶叶的变质。

　　（3）氧气　茶中多酚类化合物的氧化、维生素C的氧化以及茶黄素、茶红素的氧化聚合，都与氧气有关，这些氧化作用会产生陈味物质，破坏茶叶的品质。

　　（4）光线　光的照射会加速各种化学反应的进行，特别是叶绿素在光的照射下易褪色，对紫外线的照射尤其敏感。

3. 常用的茶叶储存方法

　　（1）冷藏法　冷藏法即将包好的茶叶储存在温度为-5℃左右的冰箱或冷库内，其品质变化较慢，至少半年内，其色、香味保持新茶水平，是较理想的储存茶叶的方法。

　　（2）热水瓶储存法　热水瓶储存法即用于干燥清洁的热水瓶存放茶叶，并尽量充实装满，塞紧塞子以减少瓶内的空隙，该方法因瓶内温度稳定、隔绝空气、湿气难以进入，能使储存数月的茶叶仍然如新。

（3）罐装储存法　罐装存储法即用小罐子分装少量的茶叶，以便随时取用，其余用大罐子密封起来，罐子最好是锡罐，纸罐也不错，但不能有异味。如蝇铁罐，则要用双层盖，盖口缝隙用胶纸封紧，罐外套上二层纸袋，然后把袋口扎好。

（4）塑料袋储存法　塑料袋储存法即使用双层塑料袋或一层锡箔纸加一层塑料袋扎口后存放，但储存时间不宜太长。

此外，以锡箔真空包装储放茶叶的效果也不错。尽管如此，新鲜茶叶在半年内喝完最好，绿茶以在一个月内趁新鲜喝完最好，半发酵及发酵茶也要在半年内喝完，否则将成为陈年茶，如果茶叶放得太久，产生潮味，可以放在烤箱中微烤一下，便又可恢复新茶的风味。

（八）学习反思

任务二　袋泡茶审评

（一）任务要求

认识袋泡茶的分类；认识袋泡茶的质量要求；认识袋泡茶的审评要点。

（二）背景知识及分析

袋泡茶是在原有茶类基础上，经过拼配、粉碎、包装而成，据2011年相关资料报道，世界袋泡茶占茶叶总消费量的23.5%。袋泡茶出现的历史不长，但发展速度很快，尤其是欧美国家非常普及，如加拿大、意大利、荷兰、法国等国的袋泡茶销量均占茶叶总销量的80%以上，已成为茶叶的主导消费产品。

1. 袋泡茶的分类

通常一包袋泡茶由外封套、内包装袋、袋内包装物、提线、标牌等组成。袋泡茶的分类主要以袋内包装物的种类为依据，分为以下几类：

（1）茶型袋泡茶包括红茶、绿茶、乌龙茶、普洱茶、花茶等各类不同的纯茶袋泡茶。

（2）果味型袋泡茶由茶与各类营养干果、果汁或果味香料混合加工而成。这种袋泡茶既有茶的香味，又有干鲜果的风味和营养价值。如柠檬红茶、京华枣茶、乌龙戏珠茶等。

（3）香味型袋泡茶是在茶叶中添加各种天然香料或人工合成香精的袋泡茶。如在茶叶中添加茉莉、玫瑰、香兰素等加工而成的袋泡茶。

（4）保健型袋泡茶是由茶叶和某些具药理功效的中草药，按一定比例配比加工而成的袋泡茶。

（5）非茶袋泡茶的各种袋泡茶，如绞股蓝袋泡茶、杜仲袋泡茶、桑叶袋泡茶等。

2. 袋泡茶的质量要求

袋泡茶是由茶叶经拼配、粉碎后装入具有网状过滤纸而生产的茶叶产品。袋泡茶既满足了消费者对茶叶方便、卫生、快速、省时的要求，又使茶叶加工生产进入了一个新的领域。曾有少数袋泡茶的生产厂家，以茶叶精加工中的碎末茶来加工袋泡茶，忽视了产品的质量，使消费者认为袋泡茶就是低档茶，从而大大影响了袋泡茶的消费。纯茶型袋泡茶是袋泡茶发展的重点。如何提高袋泡茶原料的感官内质，并使袋泡茶的卫生、理化指标达到国家标准和出口要求是当务之急。

各类袋泡茶的品质要求如下：

绿茶香气高鲜持久，无水闷气、粗老气、烟、焦等异气；滋味浓醇鲜爽；汤色黄绿，清澈明亮，不受潮泛黄。目前绿茶袋泡茶市场销量较少，应提高品质，开拓国内外消费市场。小叶种地区春季生产的高档绿茶，经齿切机分次切碎和分筛，就可作为袋泡茶的原料茶。

红茶香气鲜甜浓郁，滋味鲜甜爽口，汤色红艳明亮。当前国际流行的主要是以红碎茶为原料的红茶袋泡茶，其用茶应以内质为主。香气要新鲜高锐；滋味要浓、强、鲜，有刺激性；汤色要红艳明亮。外形规格能适应机器包装，要求碎茶匀整洁净，末茶呈砂粒状，不含60目（筛网孔径约0.25mm）以下的细末。红茶袋泡茶不要求耐冲泡，因此C.T.C红茶特别适合加工袋泡茶。

乌龙茶香气浓郁持久，滋味醇厚回甘，独具香韵，汤色金黄或橙黄明亮。

花茶香气特征明显，浓郁芬芳，鲜灵持久；滋味醇厚甘爽，汤色清澈明亮。

无论是哪种袋泡茶，高档原料一般要求茶汤色泽鲜亮、香气浓郁、滋味纯正；低档原料则要求汤色、香气、滋味正常，具有明显的相应茶类的特征，无其他异味；中档原料的要求居于两者之间。

3. 袋泡茶的理化标准

（1）茶颗粒度 茶颗粒度主要影响茶的计量与包装质量，是衡量袋泡茶原料质量的一个重要指标。根据目前的袋泡茶包装设备的性能及滤纸的性能，一般袋泡茶要求14～40目的颗粒状或砂粒状茶叶。因为大于12目的茶叶，颗粒大，体积质量计量误差大，成袋困难；40目以下尤其是60目以下的都是粉末茶和质地轻飘的子口茶，机包时易飞扬到滤纸袋的边缘，造成封袋不良，散袋增加，降低了袋泡茶的加工质量。此外，过细的粉末茶，冲泡易透过滤纸进入茶汤，使汤色混浊不明亮，影响袋泡茶的品质。

（2）理化指标 水分≤7%；总灰分≤6.5%。

（3）卫生指标 必须达到GB 2762—2017《食品安全国家标准 食品中污染物限量》和GB 2763—2021《食品安全国家标准 食品中农药最大残留限量》的要求。

4. 袋泡茶审评方法

取一袋有代表性的茶袋置于150mL审评杯中，注满沸水并加盖，冲泡3min后揭盖，上下提动袋茶两次（两次提动间隔1min），提动后随即盖上杯盖，5min后将茶汤沥入茶碗中，依次审评汤色、香气、滋味和叶底。

5. 袋泡茶的审评要点

袋泡茶审评方法仍以感官审评为主，只是针对袋泡茶的独特性，对常规审评方法有所调整。

（1）外形　评包装因子包括包装材料、包装方法、图案设计，包装防潮性能，及所使用的文字说明是否符合食品通用标准。

（2）开汤审评　主要是评其内质的汤色、香气、滋味和冲泡后的内袋。汤色评比茶汤的类型和明浊度。同一类茶叶，茶汤的色度与品质有较强的相关性。同时失风受潮、陈化变质的茶叶在茶汤的色泽上反映也较为明显。汤色明浊度要求以明亮鲜活的为好，陈暗少光泽的为次，混浊不清的为差。对个别保健茶袋泡茶，如果添加物显深色，在评比汤色时应区别对待。香气主要看纯异、类型、高低与持久性。袋泡茶除添加其他成分的保健茶外，一般均应具有原茶的良好香气，而添加了其他成分的袋泡茶，香气以协调适宜，能正常被人们接受为佳。袋泡茶因多层包装，受包装纸污染的机会较大。因此，审评时应注意有无异味。如是香型袋泡茶，应评其香型的高低、协调性与持久性。滋味则主要从浓淡、爽涩等方面评判，根据口感的好坏判断质量的高低。冲泡后的内袋主要检查滤纸袋是否完整不裂，茶渣能否被封包于袋内而不溢出，如有提线，检查提线是否脱离包袋。

根据质量评定结果，可把普通袋泡茶划分为优质产品、中档产品、低档产品和不合格产品。

优质产品：包装上的图案、文字清晰。内外袋包装齐全，外袋包装纸质量上乘，防潮性能好。内袋长纤维特种滤纸网眼分布均匀，大小一致。滤纸袋封口完好，用优质白线作提线，线端有品牌标签，提线两端定位牢固，提袋时不脱线。袋内的茶叶颗粒大小适中，无茶末黏附滤纸袋表。未添加非茶成分的袋泡茶，应有原茶的良好香味，无杂异气味，汤色明亮无沉淀，冲泡后滤纸袋涨而不破裂。

中档产品：可不带外袋或无提线上的品牌标签，外袋纸质较轻，封边不很牢固，有脱线现象。香味虽纯正，但少新鲜口味，汤色亮但不够鲜活。冲泡后滤纸袋无裂痕。

低档产品：包装用材中缺项明显，外袋纸质轻，印刷质量差。香味平和，汤色深暗，冲泡后有时会有少量茶渣漏出。

不合格产品：包装不合格，汤色混浊，香味不正常，有异气味，冲泡后散袋。

（三）实训步骤及实施

1. 地点

茶叶审评室。

2. 课时及安排

2个课时，共90min，其中教师讲解并展示不同档次、不同茶类的袋泡茶40min，学生分组审评40min，考核讲评10min。

3. 实训过程

（1）教师讲解（依次讲解袋泡茶的分类、质量要求及审评要点）。

（2）教师展示（依次展示各种茶类的袋泡茶，观察包装后打开过滤纸看茶）。

（3）教师演示审评操作同时强调审评要点。

（4）学生动手开汤审评。

（5）学生将整理审评室。

（四）实训评价

根据实训结果，填写袋泡茶审评实训评价考核评分表（表3-3）。

表3-3　袋泡茶审评实训评价考核评分表

分项	内容	分数	自评分（10%）	组内互评分（10%）	组间互评分（10%）	教师评分（70%）	实际得分值
1	袋泡茶的分类	30分					
2	认识袋泡茶的程度	40分					
3	审评操作规范程度	10分					
4	综合表现	20分					
	合计	100分					

（五）作业

填写茶叶感官审评表（见附录三）。

（六）拓展任务

查阅相关资料，并回答：开发多样化的袋泡茶应该注意哪些问题？

（七）学习反思

任务三　速溶茶审评

（一）任务要求

认识速溶茶；认识速溶茶的质量要求；认识速溶茶的审评方法。

（二）背景知识及分析

速溶茶是一类速溶于水，水溶后无茶渣的茶叶饮料，具有快泡、方便、卫生、可热饮、可冷饮、四季皆宜的特点。

1. 速溶茶分类

可分为纯茶速溶茶和调味速溶茶两种。

调味速溶茶是在速溶茶基础上，用速溶茶、糖、香料、果汁等配制成的一类混合茶，其典型成分有速溶茶、糖、柠檬酸、植物酸、维生素C、食用色素、天然柠檬油、磷酸三钙，并以丁基羟基茴香醚（BHA）作防腐剂。速溶茶原料来源广泛，既可用鲜叶直接加工，又可用成品茶或茶叶副产品再加工而成。

2. 速溶茶审评

速溶茶品质重视香味、冷溶度、造型和色泽。审评方法目前尚未统一，仍以感官审评为主。

外形评比形状和色泽。形状有颗粒状、碎片状和粉末状。不管哪种形状的速溶茶，其外形颗粒大小和疏松度是鉴定速溶性的主要物理指标，最佳的颗粒直径为200～500μm，具有200μm以上的需达80%，150μm以下的不能超过10%。一般体积质量在0.06～0.17g/mL，疏松度以0.13g/mL最佳。这样的造型，外形美观疏松，速溶性好，造型过小溶解度差，过大冲泡易碎，颗粒状要求大小均匀，呈空心疏松状态，互不黏结，装入容器内具有流动性，无裂崩现象。碎片状要求片薄而卷曲，不重叠。速溶茶最佳，含水量在2%～3%，存放地点室内相对湿度最好在60%以下，否则容易吸潮结块，影响速溶性，含水量低的速溶性好。色泽要求速溶红茶为红黄、红棕或红褐色，速溶绿茶呈黄绿色或亮绿，都要求鲜活有光泽。

内质审评方法：称取0.6g速溶茶两份，置于240mL审评碗中，用150mL的审评杯注入150mL冷开水（15℃左右）和沸水冲泡，定时3min，并用茶筅搅拌，依次审评速溶性、汤色、香气与滋味。GB/T 23776—2018《茶叶感官审评方法》中仅载明沸水冲泡审评方法。

速溶性指在10℃以下和40～60℃条件下的迅速溶解特性，溶于10℃以下者称为冷溶速溶茶；溶于40～60℃者称为热溶速溶茶。凡溶解后无浮面和沉底现象，为速溶性好，可作冷饮用；凡颗粒悬浮或呈块状沉结杯底者，为冷溶度差，只能作热饮。汤色要求冷泡清澈，速溶红茶红亮或深红明亮，速溶绿茶要求黄绿明亮或绿明亮。热泡要求清澈透亮，速溶红茶红艳，速溶绿茶黄绿或绿而鲜艳，凡汤色深暗、浅亮或浑浊的都不符合要求。香味要求具有原茶风格，有鲜爽感，香味正常，无馊酸气，陈气及其他异味。调味速溶茶的香味按添加剂不同而异，如柠檬速溶茶除具有天然柠檬香味，还有茶味，甜酸适合，无柠檬的涩味。无论何种速溶茶，不能有其他化学合成的香精气味。

（三）实训步骤及实施

1. 地点
茶叶审评室。

2. 课时及安排
2个课时，共90min，其中教师讲解并展示不同档次、不同类别的速溶茶40min，学生分组审评40min，考核讲评10min。

3. 实训过程
（1）教师讲解（依次讲解速溶茶的分类、质量要求及审评要点）。
（2）教师展示（依次展示各个种类的速溶茶）。
（3）教师演示审评操作同时强调审评要点（审评项目包括外形审评和内质审评）。
（4）学生审评。
（5）学生将整理审评室。

（四）实训评价

根据实训结果，填写速溶茶审评实训评价考核评分表（表3–4）。

表3–4　速溶茶审评实训评价考核评分表

分项	内容	分数	自评分（10%）	组内互评分（10%）	组间互评分（10%）	教师评分（70%）	实际得分值
1	速溶茶的分类	30分					
2	认识速溶茶的程度	40分					
3	审评操作规范程度	10分					
4	综合表现	20分					
	合计	100分					

（五）作业

填写茶叶感官审评表（见附录三）。

（六）拓展任务

课后查阅相关资料，认识速溶茶的发展历程。

_____
_____
_____
_____
_____
_____
_____
_____
_____
_____
_____
_____

班级

小组

姓名

实训测评页

（七）学习反思

任务四　茶饮料审评

（一）任务要求

认识茶饮料，了解茶饮料的分类及茶饮料的相关标准。

（二）背景知识及分析

茶饮料是以原料茶经过水浸提、过滤、澄清后制成的茶提取物（水提取液或其浓缩液、茶粉）为原料，再分别加入水、糖液、酸味剂、食用香精、果汁、乳制品、植物提取物等辅料调制加工而成的液体饮料。

1. 茶饮料的分类

茶饮料按产品风味不同，可分为纯茶饮料、调味茶饮料、复合茶饮料和茶浓缩液四类。目前市场销售以调味茶为主，约占茶饮料市场份额的80%。

（1）纯茶饮料　以原料茶的水提取液或其浓缩液、茶粉等为原料，经加工而成的保持原料茶应有风味的液体饮料，可添加少量的食糖和甜味剂。

（2）调味茶饮料　以原料茶的水提取液或浓缩液、茶粉等为原料，加入糖、酸、果味物质、奶茶、奶味茶和其他调味茶饮料。

（3）复合茶饮料　以茶叶和植物的水提取液或其浓缩液、茶粉等为原料，加入糖液、酸味剂等辅料调制而成的，具有茶与植物混合风味的茶饮料。

（4）茶浓缩液　选用优质茶为原料，通过浸提、过滤、浓缩等现代加工技术而成的液态制品，加水复原后具有原茶汁应有的风味，适合调配纯茶或低糖饮料，亦可作为食品添加剂使用。

2. 茶饮料相关标准

我国茶饮料发展早期因缺少产品标准规范，导致市场上茶饮料质量鱼龙混杂，极大地影响了茶饮料市场的健康发展。为此，2004年5月我国开始实施GB 19296—2003《茶饮料卫生标准》，对茶饮料的卫生指标提出了明确的要求，开启了茶饮料卫生标准规范化发展之路。2008年11月我国又修订并实施了GB/T 21733—2008《茶饮料》，对不同类型茶饮料提出了相关技术要求，特别是对茶的主要指标成分茶多酚、咖啡因的含量做出了明确规定，并禁止使用茶多酚、咖啡因作为原料调制茶饮料。2022年7月28日发布的GB 7101—2022《食品安

全国家标准 饮料》，修订了饮料的定义、感官要求、理化指标、微生物限量等内容，明确饮料是用一种或几种食用原料，添加或不添加辅料、食品添加剂、食品营养强化剂，经加工制成定量包装的、供直接饮用或冲调饮用、乙醇含量不超过质量分数0.5%的制品，也可称为饮品，如碳酸饮料、果蔬汁类及其饮料、蛋白饮料、固体饮料等。

（三）实训步骤及实施

1. 地点
茶叶审评室。

2. 课时及安排
2个课时，共90min，其中教师讲解并展示不同档次、不同类别的茶饮料30min，学生分组审评40min，考核讲评20min。

3. 实训过程
（1）教师讲解（依次讲解茶饮料的分类、质量要求）。
（2）教师展示（依次展示各种茶饮料，如图3-4所示）。
（3）教师演示审评操作同时强调审评要点。
（4）学生审评。
（5）学生将整理审评室。

图3-4 各种茶饮料

（四）实训评价

根据实训结果，填写茶饮料审评实训评价考核评分表（表3-5）。

表3-5 茶饮料审评实训评价考核评分表

分项	内容	分数	自评分（10%）	组内互评分（10%）	组间互评分（10%）	教师评分（70%）	实际得分值
1	茶饮料的分类	30分					
2	茶饮料的质量要求	40分					
3	茶饮料相关标准	10分					
4	综合表现	20分					
	合计	100分					

（五）作业

国家针对茶饮料颁发了哪些标准？对哪些项目做了规定？

_____
_____
_____
_____
_____

班级

（六）拓展任务

调查当地茶饮料消费市场状况，撰写并提交市场调查报告。

_____
_____
_____
_____
_____
_____

小组

姓名

实训测评页

（七）学习反思

（扫码观看微课视频）

认识茶叶标准样

项目二 茶叶标准样

根据各类茶叶品质规格等级的要求制订的各类茶叶统一的实物标准样茶，是茶叶外形、内质、等级等品质审评的参比物。本模块我们将认识学习茶叶标准样。

学习笔记

任务一 认识茶叶标准样

（一）任务要求

本节任务是认识茶叶标准样，知道茶叶标准样的定义和作用。

（二）背景知识及分析

茶叶标准样是指具有足够的均匀性、能代表茶叶产品的品质特征和水平、经过技术鉴定并附有感官品质和理化数据说明的茶叶实物样品。为了使茶叶感官审评结果具有客观性和普遍性，设置茶叶标准样（实物标准样）是十分必要的。

感官审评是通过细致的比较来鉴别茶叶品质的优劣、质量等级高低，需要在有茶叶标准样的条件下进行比较、分析，才能得出客观、正确的结论，通俗地说："不怕不识货，只怕货比货"。因此，感官审评一般"不看单个茶样"。对照茶叶标准样进行茶叶感官审评，即为"对样评茶"。对样评茶具有评定茶叶质量等级（目前，用化学方法还难以做到）、茶叶品质优劣、鉴别真假茶（如真假西湖龙井茶）、确定茶叶价格（按质论价，好茶好价）等作用，用于茶叶收购、茶叶精制加工、产品调拨、进货和出口成交验收。制定茶叶标准样有利于保证产品质量、保障消费者的利益、按质论价、监督产品质量，有利于企业控制生产与经营成本、提高产品在国内外市场上的信誉。

茶叶标准样主要分毛茶收购标准样和精制茶标准样（外销茶、内销茶、边销茶和各类茶的加工验收标准样）。茶叶标准样陈列室与茶叶标准样见图3-5、图3-6。

1. 毛茶收购标准样

在计划经济年代，毛茶收购标准样的制定、品质水平的审定或调整，由中央和地方两级管理。中央管理由全国供销合作总社负责，地

图3-5 标准样陈列室

图3-6 茶叶标准样

方管理由省外贸局和省供销合作社负责。

现在全国性的毛茶收购标准样基本上无部门制定。地方一级的标准样也很少制定，个别地方由茶叶行业协会或质量技术监督局制定。将来，茶叶实物标准样应由企业自己制定。

2. 精制茶标准样

精制茶标准样主要有外销茶、内销茶、边销茶和各类茶的加工验收标准样。在外销茶方面，中国是绿茶出口大国，出口量居世界第一。

3. 企业标准样

按企业生产的种类、生产日期、级别进行排队，然后用国家标准样或行业标准样进行对比，品质水平相当的归入同级。在确定企业标准样时，同级茶叶，企业品质水平要高于行业标准或国家标准。

（三）实训步骤及实施

1. 实训步骤

（1）实训开始。

（2）观察茶样室。

（3）认识各类茶叶的标准样。

（4）将茶叶标准样放回原位，并摆放整齐。

（5）实训结束。

2. 实训实施

（1）实训授课2学时，共计90min，其中教师示范讲解50min，学生分组练习30min，考核10min。地点在茶样实训室或多媒体教室。

（2）分组方案 每组4人，一人任组长。

（3）实施原则 独立完成，组内合作，组间协作，教师指导。

（四）实训预案

标准样的审批管理

毛茶收购标准样的审批实行统一领导分级管理的办法。一般产量较大、涉及面较广的主要茶类及品种，由商业部管理，称部标准；产量较少而有一定代表性的品种，由省主管部门管理，称省标准。毛茶标准样由商业部管理的有红毛茶9套，绿毛茶23套，黑毛茶5套，乌龙毛茶2套，黄毛茶1套共计40套。由各省管理的约有112套（图3-7为历史茶叶标准样）。

学习笔记

图3-7　历史茶叶标准样

（五）实训评价

根据实训结果，填写认识茶叶标准样实训评价考核评分表（表3-6）。

表3-6　认识茶叶标准样实训评价考核评分表

分项	内容	分数	自评分（10%）	组内互评分（10%）	组间互评分（10%）	教师评分（70%）	实际得分值
1	茶样室观察	40分					
2	认识各种标准样	40分					
3	综合表现	20分					
	合计	100分					

班级

小组

姓名

实训测评页

（六）作业

（1）茶叶标准样的制作要求是什么？

_____

_____

_____

_____

（2）茶叶标准样的分类？

_____

_____

_____

_____

（七）拓展任务

查阅资料，试分析茶叶标准样在实际生产中的作用？

_____

_____

_____

_____

_____

（八）学习反思

任务二 制作茶叶标准样

（一）任务要求

通过本项目的学习，能熟悉大宗茶类实物标准样的设置；能根据实际情况，准备相应的文字标准和实物标准样。

（二）背景知识及分析

1. 熟悉各级实物标准样的档次和水平

一般红、绿毛茶实物标准样的制作是以鲜叶原料为基础的，而鲜叶原料又以芽叶的嫩度为主体，从嫩到老的一条品质线上，根据生产时间和合理给价的需要，可以划分为5~7个等级。一级标准样，通常以一芽一二叶原料为主体；二三级标准样，通常以一芽二三叶原料为主体，并有相应嫩度的对夹叶；四五级标准样通常以一芽三四叶和相应嫩度的对夹叶为主体；六级和六级以下的标准样，一般以对夹叶或较粗大的一芽三四叶所组成，也就是说原料嫩度是划分红绿毛茶品质、等级的基础。

2. 根据来样要求，准备实物标准样和文字标准

首先根据来样的茶叶类型，确定适用哪一大茶类的标准，是红茶类、绿茶类或乌龙茶类等，其次根据客户的要求或客户认可的标准来准备相应类别的文字标准和实物标准样。我国现行的茶叶标准按标准管理权限和范围不同，有国家标准、行业标准、地方标准、团体标准和企业标准五类，如果企业已制定了企业标准，则应按企业标准对来样进行审评和判定。在准备实物标准样时须注意，由于茶叶实物标准样往往采用预留上一年的生产样或销售样作为当年制作实物标准样的原料，其内质往往已陈化，香气、汤色、滋味等因子已无可比性，因此在实际对样评茶时，外形按实物标准样进行定等定级，内质按叶的嫩匀度定等定级，香气、滋味、汤色等因子应采用相应的文字标准作为对照。文字标准是实物标准样的补充。

（三）实训步骤及实施

1. 实训步骤

（1）实训开始。

（2）学会制作茶叶标准样。

（3）实训结束。

2. 实训实施

（1）实训授课2学时，共计90min，其中教师示范讲解50min，学生分组练习30min，考核10min。地点在茶样实训室或多媒体教室。

（2）分组方案　每组4人，一人任组长。

（3）实施原则　独立完成，组内合作，组间协作，教师指导。

（四）实训预案

1. 茶叶标准样的使用保存

茶叶标准样在不使用时要注意正确保管，一般应有专人负责。茶样应放置在无直射光，室温5℃以下，相对湿度50%以下的无异味环境中。在开启使用茶叶标准样时，应先将茶样罐中的标准样茶全部倒在分样盘中，拌匀后按对角四分法分取适宜数量，置入评茶盘中作为评茶对照样，其余标准样茶倒回原罐。标准样使用完毕后，须及时装罐，装罐前应先核对清楚茶样与茶罐的对应级别，再依次将茶倒入茶罐中。另外，标准样一经批准，即具有法律效力，任何人不得更改。因此，在使用时不能拣去梗、朴、片等，以免走样。我国现行的茶叶标准按标准管理权限和范围的不同，分为国家标准、行业标准、地方标准和企业标准四大类，在使用标准样审评时，如果企业已制定了企业标准样，则应按照企业标准样进行审评。

2. 标准样的制备与换配

茶叶标准样的制定（图3-8）与换配的时间通常是在当年6月份进行，此时距春茶采收结束不久，茶叶种类数量都很丰富，茶样采集的可选范围较广。所制标准样经审查批准后第二年方可使用。茶叶标准样有效期为1~3年。茶叶标准样到期后应及时进行更换。茶叶标准样的制备流程主要是原料选择、原料整理、试拼小样、审定、拼大样等（参见GB/T 18795—2012《茶叶标准样品制备技术条件》）。

图3-8　茶叶标准样的制定

（五）实训评价

根据实训结果，填写制作茶叶标准样实训评价考核评分表（表3-7）。

表3-7　制作茶叶标准样实训评价考核评分表

分项	内容	分数	自评分（10%）	组内互评分（10%）	组间互评分（10%）	教师评分（70%）	实际得分值
1	观察茶叶标准样	40分					
2	制作各种茶叶标准样	40分					
3	综合表现	20分					
	合计	100分					

（六）作业

（1）茶叶标准样的定义及其作用是什么？

_____

_____

_____

_____

_____

_____

_____

_____

（2）简述茶叶标准样的种类。

_____

_____

_____

_____

_____

_____

_____

（七）拓展任务

（1）制作一种大宗茶的标准样。
（2）阅读茶叶拼配技术。

茶叶拼配技术

所谓茶叶拼配，是指通过评茶人员的感官经验和拼配技术把具有一定的共性而形质不一的产品，择其长短，或美其形，或匀其色，或提其香，或浓其味，拼合在一起的操作；对部分不符合拼配要求的茶叶，则通过筛、切、扇或复火等措施，使其符合要求，以达到货样相符的目的。茶叶拼配是一种常用的提高茶叶品质、稳定茶叶内质、扩大货源、增加数量、获取较高经济效益的方法。

1. 拼配的准则

（1）外形相像 有人认为，"像"就是以围绕成交样为中心，控制在上下5%以内。这种把成交样作为中间样的理解是不对的。也有人认为，"像"就是一模一样，完全一致，这种认识也不符合茶叶商品实际。严格地说，绝对相像的茶叶是没有的，只有相对相像的茶叶。

（2）内质相符 茶叶的色、香、味要与成交样相符。例如，成交样是春茶，交货样不应是夏秋茶。成交样是单一地区（如祁红），交货样不应是各地区的混合茶。

（3）品质稳定 拼配茶叶只有长期稳定如一，才能得到消费者的认可和厚爱，优质才能优价。

（4）成本低廉 在保证拼配质量的同时，应不高于拼配目标成本，这样才有利于销售价的稳定。

（5）技术管理 在拼配中的技术管理尤其要做到样品具有代表性，拼堆要充分拌匀，拼堆环境要保证场地清洁、防潮，预防非茶类夹杂物混入、异味侵入等。

2. 技术要点

（1）看准茶叶样品 茶叶常用的样品有三种：

一是标准样，是国家颁发的样品，每五年更换一次；二是参考样，是根据本厂的传统风格，选用当年新茶在标准样的基础上制作的样品；三是贸易样，是供求双方协定的对品质要求的样品。各种样品都有一定的质量规格要求。

因此，对样品的条索、色泽、汤色、香气、滋味、叶底六个因子要进行全面、详细地分析。如样品外形的轻重、长短、大小、粗细，上、中、下段茶的比例；香气的强弱、长短，属何种香型；滋味的浓淡、厚薄、醇涩、鲜陈等，都必须牢牢掌握。

（2）做到心中有数 一是对毛茶的原料来源要心中有数；二是对毛茶质量情况要

心中有数；三是对拼配数量多少要心中有数。

要掌握拼配"三种茶"的关系。茶叶拼配有三种茶，即基准茶、调剂茶和拼带茶，必须处理好三者之间的关系。

3. 过程与方法

（1）扦取茶样　按比例扦取半成品茶茶样，用标签填好每筛号茶的批次、型号、数量等。茶样扦取要有代表性，数量要准确。

（2）复评质量　对扦取的各筛号茶样应重新进行质量鉴定，该升级的就升级使用，该降级的就降级使用；不符合规格的，应在鉴定单上注明改进措施，退回车间重新处理。

（3）拼配小样　先按比例称取中段茶拼配，然后才拼入上、下段茶，最后拼入拼带茶。各筛号茶的拼配比例多少是根据标准样的品质要求而定。拼配时要边拼边看，使各筛号茶拼配比例恰到好处。

（4）对照样品　将拼成的小样与标准样对照，认真分析质量的各项因子，若发现某项因子高于或低于标准样，必须及时进行适当调整，使之完全符合标准样。

（5）通知匀堆　小样符合标准后，要开出匀堆通知单，通知车间匀堆。匀堆时，要扦取大堆样与小样对比是否符合，若大小样不符，应拼入某些不足部分，使其相符。

（八）学习反思

双杯找对审评

学习笔记

项目三　评茶计分与劣质茶识别

任务一　双杯找对审评

（一）任务要求

掌握茶叶双杯找对审评技术的基本程序和操作方法。

（二）背景知识及分析

双杯找对评茶技术知识：在不单看外形和观察杯中叶底的条件下，将同一种茶叶进行双杯冲泡，一般以三只茶样为宜，然后打乱杯碗次序，审评人员凭灵敏的嗅觉和味觉找出相同茶样的杯碗，并按质量高低排序。

双杯找对审评技术主要考察审评人员的嗅觉辨别能力和味觉辨别能力。

（三）实训步骤及实施

1. 实训地点

茶叶审评实训室。

2. 课时安排

实训授课2学时，共计90min，其中教师讲解10min，学生分组练习50min，考核30min。

3. 实训步骤

（1）实训开始。

（2）备具　评茶盘、评茶杯碗、叶底盘、茶匙、天平、定时钟、烧水壶等。

（3）备样　都匀毛尖200g、黄山毛峰200g、信阳毛尖200g，或近似品质的三种茶叶。

（4）扦样。

（5）开汤　三种茶在同一条件下各开汤两杯，分别在审评杯底部编号AABBCC，在审评碗底部编号aabbcc。一一对应关系。

（6）分香气组和滋味组将审评杯碗打乱顺序。

（7）被考核人在不知道顺序的前提下嗅香气，完成香气找对；尝滋味，完成滋味找对。

（8）排队。

（9）揭秘。

（10）实训结束。

（四）实训预案

双杯找对在评茶技能鉴定或评茶技能比赛中常作为实操考题，茶样品质差异及数量、茶名识别、五因子评语等可作为控制题目难度的因素。

出题的方法有多种，以下列举其中一种。

试题准备：将三种茶样分别准备两杯，共6杯，在杯身上和碗身上分别编注明码1、2、3、4、5、6。在杯底和碗底分别对应暗码A、A、B、B、C、C和a、a、b、b、c、c，一一对应（A和A及a和a，为同一茶样），考评员揭秘时由暗码即可知道明码的对应关系。

题目：请在5min内完成双杯找对。要求：仔细辨别已冲泡好的3组茶样，根据香与味对其进行两两配对，将茶杯及茶碗上的数字写入相应的编号栏（表3-8、表3-9）内，并写出香气及滋味评语。

表3-8　香气找对表

编号		香气评语	审评结果（考评员填写）

表3-9　滋味找对表

编号		滋味评语	审评结果（考评员填写）

（五）实训评价

根据实训结果，填写双杯找对审评实训评价考核评分表（表3-10）。

表3-10　双杯找对审评实训评价考核评分表

分项	内容	分数	自评分（10%）	组内互评分（10%）	组间互评分（10%）	教师评分（70%）	实际得分值
1	是否编码	20分					
2	香气找对	30分					
3	滋味找对	30分					
4	项目设计	20分					
	合计	100分					

（六）作业

试着设计一组找对考核项目。

_____

_____

_____

_____

_____

_____

_____

_____

（七）学习反思

任务二　对样评茶（七档制评茶计分方法）

（扫码观看微课视频）

对样评茶（合格判定）

对样评茶（级别判定）

学习笔记

（一）任务要求

掌握对样评茶（七档制评茶计分方法）。

（二）背景知识及分析

对样评茶是对照某一特定的标准样品来评定茶叶的品质。茶叶产、供、销主管部门制定的毛茶标准样、加工标准样和贸易标准样等都是评定茶叶品质高低的实物依据。在对样评茶中，必须对茶叶的外形、内质等各项品质因子进行认真审评，才能作出正确的结论。对样评茶，就我国应用范围来说，大体可分两类。一类用于产、供、销的交接验收，其评定结果作为产品交接时定级计价的依据。这种对样评茶，是以各级标准样为尺度，根据产品质量的高低，评定出相应的级价。符合标准样的，评以标准级，给予标准价；高或低于标准样的，按其质差的幅度大小，评出相应的级价。因此，并不强求产品品质与对照样相符，级价也按品质高低上下浮动。如毛茶标准样、加工标准样就属这一类。另一类是用于质量控制或质量监管的，其评定结果作为货样是否相符的依据。这种对样评茶，应以标准样为准、交货品质必须与对照样相符，高或低于标准样的都属不符。符合标准样的，评为"合格"；不符标准样的，评为"不合格"。因此对样评茶分为级别判定和合格判定，下面识别介绍方法。

1. 级别判定

对照一组标准样品，比较未知茶样品与标准样品之间某一级别在外形和内质的相符程度（或差距）。

级别判定公式：未知样品的级别＝（外形级别＋内质级别）÷2

2. 合格判定

以成交样品或（贸易）标准样品相应等级的色、香、味、形的品质要求为水平依据，按规定的审评因子（大多数为八因子，具体见表3-11）和审评方法，将生产样品对照（贸易）标准样品或成交样品逐项对比审评，判断结果按"七档制"（表3-12）方法进行评分。

表3-11　各类成品茶品质审评因子表

茶类	外形				内质			
	形状A_1	整碎B_1	净度C_1	色泽D_1	汤色E_1	香气F_1	滋味G_1	叶底H_1
红茶	√	√	√	√	√	√	√	√
绿茶	√	√	√	√	√	√	√	√
乌龙茶	√	√	√	√	√	√	√	√
白茶	√	√	√	√	√	√	√	√
黑茶（散茶）	√	√	√	√	√	√	√	√
黄茶	√	√	√	√	√	√	√	√
花茶	√	√	√	√	√	√	√	√
袋泡茶	√	×	√	×	√	√	√	√
紧压茶	√	×	√	√	√	√	√	√
粉茶	√	×	√	√	√	√	√	×

注：√为审评因子，×为非审评因子。

表3-12　七档制审评方法

七档制	评分	说明
高	+3	差异大，明显好于标准样品
较高	+2	差异较大，好于标准样品
稍高	+1	差异不大，稍好于标准样品
相当	0	与标准样品相当
稍低	-1	差异不大，稍差于标准样品
较低	-2	差异较大，差于标准样品
低	-3	差异大，明显差于标准样品

结果计算：茶叶审评总得分$Y=A_1+B_1+C_1+D_1+E_1+F_1+G_1+H_1$。

Y为茶叶审评总分；A_1、B_1……H_1为各审评因子得分。

结果判定：任何单一审评因子中得-3分者判为不合格；总得分≤-3分者为不合格。

（三）实训步骤及实施

1. 实训地点

茶叶审评实训室。

2. 课时安排

实训授课2学时，共计90min，其中教师讲解10min，学生分组练习50min，考核30min。

3. 实训步骤

（1）实训开始。

（2）备具　评茶盘、评茶杯碗、叶底盘、茶匙、天平、定时钟、烧水壶等。

（3）备样　选择相近的两种绿茶或红茶等，分别编号A和B，假设A为标准样，B为贸易样，对贸易样B进行结果判断的打分练习。

（4）扦样。

（5）开汤　A和B分别进行对比，对贸易样B外形的形状、整碎、净度、色泽和内质的香气、汤色、滋味、叶底逐项进行七档制审评打分。

（6）将各因子的分数加起来得到Y。

（7）结果判定　任何单一审评因子中得-3分者判为不合格；总得分≤-3分者为不合格。

（8）实训结束。

（四）实训预案

对样评茶在评茶技能鉴定或评茶技能比赛中常作为实操考题，茶样品质差异及数量、茶名识别、八因子评语等可作为控制题目难度的因素。

出题的方法有多种，以下列举一种。

试题准备：由一组2个有执行标准（国标、行标或地标），相邻等级茶叶组成一套试题，设置其中1个为标准样，判断另一个待审评样品的档次。

题目：请在15min内完成对样评茶。要求：以茶样B为待审评样品，茶样A为标准样，请判断茶样B的档次，并填写评语（表3-13）。

表3-13　对样评茶表

茶样B	外形				内质			
	形状	整碎	净度	色泽	汤色	香气	滋味	叶底
评语								
差别评分								
与标准样相比审评样的品质	高（　）　较高（　）　稍高（　） 相当（　） 稍低（　）　较低（　）　低（　） 请在对应选项后打勾。							

（五）实训评价

根据实训结果，填写对样评茶实训评价考核评分表（表3-14）。

表3-14　对样评茶实训评价考核评分表

分项	内容	分数	自评分（10%）	组内互评分（10%）	组间互评分（10%）	教师评分（70%）	实际得分值
1	项目设计	20分					
2	外形打分	30分					
3	内质打分	30分					
4	结果计算判定	20分					
	合计	100分					

（六）作业

简述对样评茶的方法。

_____

_____

_____

_____

（七）学习反思

任务三　名优茶审评计分方法

（一）任务要求

掌握名优茶审评计分方法。

（二）背景知识及分析

名优茶评比计分一般采用百分制，即对各审评因子分别按百分制计分，将各因子的得分分别与相应的品质系数相乘，再将各个换算后的得分相加，就获得该只茶样的最后得分。

茶叶品质顺序的排列样品应在两只以上，评分前工作人员对其进行分类、密码编号，审评人员在不了解茶样的来源，密码条件下进行盲评。

1. 评分形式

评分形式可分为独立评分和集体评分。独立评分是指整个审评过程由一位或者多位评茶员独立完成；集体评分是指整个审评过程由三位或者三位以上（奇数）评茶员一起完成。参加审评的人员组成一个审评小组，推荐其中一人为主评。审评过程中由主评先评出分数，其他人员根据品质标准对主评出具的分数进行修改与确认，对观点差异较大的茶进行讨论，最后共同确定分数，如有争论，投票决定。

2. 评分方法

根据审评知识与品质标准，按外形、汤色、香气、滋味和叶底"五因子"，采用百分制，在公平、公正条件下给每个茶样每项因子进行评分，并加注评语，评语应引用GB/T 14487—2017《茶叶感官审评术语》的术语。

3. 分数确定

每个评茶员所评的分数相加的总和除以参加评分的人数即得到该只茶样的最终得分。当独立评分人数达到五人以上时，可在评分结果中去除一个最高分和一个最低分。

在审评中计分时，可以将各因子按品质的甲、乙、丙将其分为3档，分别以94，84，74为中准分。再按照各档次的分数区间打分。甲档90～99分，乙档80～89分，丙档70～79分。

（扫码观看微课视频）

名优茶审评计分（上）

名优茶审评计分（下）

学习笔记

4. 结果计算

茶叶审评总得分Y＝A×a＋B×b＋C×c＋D×d＋E×e。

A、B、C、D、E分别代表各项因子的得分；a、b、c、d、e分别代表各项因子的评分系数。

各类茶审评因子评分系数见表3–15：

表3–15　各类茶审评因子评分系数

茶类	外形（a）	汤色（b）	香气（c）	滋味（d）	叶底（e）
绿茶	25	10	25	30	10
白茶	25	10	25	30	10
黄茶	25	10	25	30	10
工夫红茶（小种红茶）	25	10	25	30	10
黑茶（散茶）	20	15	25	30	10
紧压茶	20	10	30	35	5
乌龙茶	20	5	30	35	10
（红）碎茶	20	10	30	30	10
花茶	20	5	35	30	10
袋泡茶	10	20	30	30	10
粉茶	10	20	35	35	0

5. 结果评定

根据计算结果审评的名次按分数从高到低的次序排列。

如遇分数相同者，则按"滋味→外形→香气→汤色→叶底"的次序比较单一因子得分的高低，高者居前。

（三）实训步骤及实施

1. 实训地点

茶叶审评实训室。

2. 课时安排

实训授课10学时，每次2学时，共计90min，其中教师讲解10min，学生分组练习50min，考核30min。

3. 实训步骤

（1）实训开始。

（2）备具 评茶盘、评茶杯碗、叶底盘、茶匙、天平、定时钟、烧水壶等。

（3）备样 不同茶类的样品约30种，必须包括六大茶类和再加工茶类，每次审评2～6个茶样。

（4）把盘评外形，计分。

（5）扦样。

（6）开汤评内质汤色、香气、滋味、叶底，并计分。

（7）按照Y＝A×a＋B×b＋C×c＋D×d＋E×e算分。

（8）评价。

（9）收样、收具。

（10）实训结束。

（四）实训预案

各茶类审评评分表如表3-16至表3-26所示。

表3-16 绿茶评分参考表

因子	档次	品质特征	评分	系数
外形（a）	甲	以单芽、一芽一叶初展到一芽二叶为原料，造型有特色，色泽嫩绿或翠绿或深绿或鲜绿，油润，匀整，净度好	90～99分	20%
	乙	较嫩，原料以一芽二叶为主，造型较有特色，色泽墨绿或黄绿或青绿，较油润，尚匀整，净度较好	80～89分	
	丙	嫩度稍低，造型特色不明显，色泽暗褐或陈灰或灰绿或偏黄，较匀整，净度尚好	70～79分	
汤色（b）	甲	嫩绿明亮或绿明亮	90～99分	10%
	乙	尚绿明亮或黄绿明亮	80～89分	
	丙	深黄或黄绿欠亮或浑浊	70～79分	
香气（c）	甲	高爽有栗香或有嫩香或带花香	90～99分	30%
	乙	清香、尚高爽、火工香	80～89分	
	丙	尚纯、熟闷、老火	70～79分	
滋味（d）	甲	甘鲜或鲜醇，醇厚鲜爽，浓厚鲜爽	90～99分	30%
	乙	清爽，浓尚醇，尚醇厚	80～89分	
	丙	尚醇、浓涩、青涩	70～79分	
叶底（e）	甲	嫩匀多芽，较嫩绿明亮、匀齐	90～99分	10%
	乙	嫩匀有芽，绿明亮、尚匀齐	80～89分	
	丙	尚嫩、黄绿、欠匀齐	70～79分	

表3-17 乌龙茶评分参考表

因子	档次	品质特征	评分	系数
外形 （a）	甲	重实、紧结，品种特征或地域特征明显，色泽油润，匀整，净度好	90～99分	20%
	乙	较重实、较壮结，有品种特征或地域特征，尚重实，色润，较匀整，净度尚好	80～89分	
	丙	尚紧实或尚壮实，带有黄片，色欠润，欠匀整，净度稍差	70～79分	
汤色 （b）	甲	色度因加工工艺而定，可从蜜黄加深到橙红，但要求清澈明亮	90～99分	5%
	乙	色度因加工工艺而定，较明亮	80～89分	
	丙	色度因加工工艺而定，多沉淀，欠亮	70～79分	
香气 （c）	甲	品种特征或地域特征明显，花香，花果香浓郁，香气优雅纯正	90～99分	30%
	乙	品种特征或地域特征尚明显，有花香或花果香，但浓郁与纯正性稍差	80～89分	
	丙	花香或花果香不明显，略带粗气或老火香	70～79分	
滋味 （d）	甲	浓厚甘醇或醇厚滑爽	90～99分	35%
	乙	浓醇较爽	80～89分	
	丙	浓尚醇，略有粗糙感	70～79分	
叶底 （e）	甲	做青好，叶质肥厚软亮	90～99分	10%
	乙	做青较好，叶质较软亮	80～89分	
	丙	稍硬，青暗，做青一般	70～79分	

表3-18 工夫红茶评分参考表

因子	档次	品质特征	评分	系数
外形 （a）	甲	细紧或紧结或壮结，有锋苗，色乌黑油润或棕褐油润，显金毫，匀整，净度好	90～99分	25%
	乙	较细紧或紧结，或稍有毫，较乌润，匀整，净度较好	80～89分	
	丙	紧实或壮实，尚乌润，尚匀整，净度尚好	70～79分	
汤色 （b）	甲	橙红明亮或红明亮	90～99分	10%
	乙	尚红亮	80～89分	
	丙	尚红欠亮	70～79分	
香气 （c）	甲	嫩香，嫩甜香，花果香	90～99分	25%
	乙	高，有甜香	80～89分	
	丙	纯正	70～79分	

续表

因子	档次	品质特征	评分	系数
滋味 （d）	甲	鲜醇或甘醇或醇厚鲜爽	90～99分	30%
	乙	醇厚	80～89分	
	丙	尚醇	70～79分	
叶底 （e）	甲	细嫩（或肥嫩）多芽或有芽，红明亮	90～99分	10%
	乙	嫩软、略有芽，红尚亮	80～89分	
	丙	尚嫩，多筋，尚红亮	70～79分	

表3-19　黑茶（散茶）评分参考表

因子	档次	品质特征	评分	系数
外形 （a）	甲	肥硕或壮结，或显毫、形态美、色泽油润，匀整，净度好	90～99分	20%
	乙	尚壮结或较紧结，或有毫，色泽尚匀润，较匀整，净度较好	80～89分	
	丙	壮实或紧实或粗实，尚匀整，净度尚好	70～79分	
汤色 （b）	甲	根据后发酵的程度可有红浓、橙红、橙黄色、明亮	90～99分	15%
	乙	根据后发酵的程度可有红浓、橙红、橙黄色、尚明亮	80～89分	
	丙	红浓暗或深黄或黄绿欠亮或浑浊	70～79分	
香气 （c）	甲	香气纯正、无杂气味、香高爽	90～99分	25%
	乙	香气较高尚纯正、无杂气味	80～89分	
	丙	尚纯	70～79分	
滋味 （d）	甲	醇厚，回味干爽	90～99分	30%
	乙	较醇厚	80～89分	
	丙	尚醇	70～79分	
叶底 （e）	甲	嫩匀多芽，明亮、匀齐	90～99分	10%
	乙	尚嫩匀，略有芽，明亮、尚匀齐	80～89分	
	丙	尚柔软、尚明、欠匀齐	70～79分	

表3-20　压制茶评分参考表

因子	档次	品质特征	评分	系数
外形 （a）	甲	形状完全符合规格要求，松紧度适中，表面平整	90～99分	20%
	乙	形状符合规定要求，松紧度适中，表面尚平整	80～89分	
	丙	形状基本符合规定要求，松紧度较适合	70～79分	

续表

因子	档次	品质特征	评分	系数
汤色 （b）	甲	根据茶类不同而汤色不同，明亮	90~99分	
	乙	根据茶类不同而汤色不同，尚明亮	80~89分	10%
	丙	根据茶类不同而汤色不同，欠亮或浑浊	70~79分	
香气 （c）	甲	纯正、高爽、无杂异气味	90~99分	
	乙	尚纯正、无明显杂异气味	80~89分	30%
	丙	尚纯正、有烟气、微粗等	70~79分	
滋味 （d）	甲	醇厚，回味甘爽	90~99分	
	乙	尚醇厚或醇和	80~89分	35%
	丙	尚醇	70~79分	
叶底 （e）	甲	嫩软，明亮、匀齐	90~99分	
	乙	尚嫩匀，明亮、尚匀齐	80~89分	5%
	丙	尚软、尚明、欠匀齐	70~79分	

表3-21　白茶评分参考表

因子	档次	品质特征	评分	系数
外形 （a）	甲	以单芽到一芽二叶初展为原料，芽毫肥壮，造型美、有特色，白毫显露、匀整、净度好	90~99分	
	乙	以单芽到一芽二叶初展为原料，芽较瘦小，较有特色，白毫显，尚匀整，净度好	80~89分	25%
	丙	嫩度较低，造型特色不明显，色泽暗褐或灰绿，较匀整，净度尚好	70~79分	
汤色 （b）	甲	杏黄、嫩黄明亮或浅白明亮	90~99分	
	乙	尚绿黄明亮或黄绿明亮	80~89分	10%
	丙	深黄或泛红或浑浊	70~79分	
香气 （c）	甲	嫩香、毫香显	90~99分	
	乙	清香、尚有毫香	80~89分	25%
	丙	尚纯，或有醇气或青气	70~79分	
滋味 （d）	甲	毫味明显、甘和鲜爽或甘鲜	90~99分	
	乙	醇厚较鲜爽	80~89分	30%
	丙	尚醇、浓稍涩、青涩	70~79分	
叶底 （e）	甲	全芽或一芽二叶完整，软嫩灰绿明亮、匀齐	90~99分	
	乙	尚软嫩匀，灰绿尚明亮、尚匀齐	80~89分	10%
	丙	尚嫩、黄绿有红叶、欠匀齐	70~79分	

学习笔记

表3–22　黄茶评分参考表

因子	档次	品质特征	评分	系数
外形 （a）	甲	细嫩，以单芽到一芽二叶初展为原料，造型美，有特色，色泽嫩黄或金黄，油润，匀整，净度好	90～99分	
	乙	较细嫩，造型较有特色，色泽褐黄或绿带黄，较油润，尚匀整，净度较好	80～89分	25%
	丙	嫩度稍低，造型特色不明显，色泽暗褐或深黄，欠匀整，净度尚好	70～79分	
汤色 （b）	甲	嫩黄明亮	90～99分	
	乙	黄尚明亮、黄明亮	80～89分	10%
	丙	深黄或绿黄欠亮或浑浊	70～79分	
香气 （c）	甲	嫩香、嫩栗香、有甜香	90～99分	
	乙	高爽、较高爽	80～89分	25%
	丙	尚纯、熟闷、老火或青气	70～79分	
滋味 （d）	甲	醇厚甘爽、醇爽	90～99分	
	乙	浓厚、尚醇厚，较爽	80～89分	30%
	丙	尚醇、浓涩、青涩	70～79分	
叶底 （e）	甲	细嫩多芽、嫩黄明亮、匀齐	90～99分	
	乙	嫩匀，黄明亮、尚匀齐	80～89分	10%
	丙	尚嫩、黄尚亮、欠匀齐	70～79分	

表3–23　花茶评分参考表

因子	档次	品质特征	评分	系数
外形 （a）	甲	细紧或壮结、多毫或锋苗显露，造型有特色，色泽尚嫩绿或嫩黄，油润，匀整，净度好	90～99分	
	乙	较细紧或较紧结、有毫或有锋苗，造型较有特色，色泽黄绿，较油润，匀整，净度较好	80～89分	20%
	丙	紧实或壮实，造型特色不明显，色泽黄或黄褐，较匀整，净度尚好	70～79分	
汤色 （b）	甲	嫩黄明亮，尚嫩绿明亮	90～99分	
	乙	黄明亮或黄绿明亮	80～89分	5%
	丙	深黄或黄绿欠亮或浑浊	70～79分	
香气 （c）	甲	鲜灵、浓郁、纯正、持久	90～99分	
	乙	较鲜灵、浓郁、较纯正、持久	80～89分	35%
	丙	尚浓郁、尚鲜、较纯正、尚持久	70～79分	

续表

因子	档次	品质特征	评分	系数
滋味 （d）	甲	甘醇或醇厚，鲜爽，花香明显	90~99分	
	乙	浓厚或较醇厚	80~89分	30%
	丙	熟、浓涩、青涩	70~79分	
叶底 （e）	甲	细嫩多芽，黄绿明亮	90~99分	
	乙	嫩匀有芽，黄明亮	80~89分	10%
	丙	尚嫩、黄明	70~79分	

表3–24　袋泡茶评分参考表

因子	档次	品质特征	评分	系数
外形 （a）	甲	滤纸质量优，包装规范、完全符合标准要求	90~99分	
	乙	滤纸质量较优，包装规范、完全符合标准要求	80~89分	10%
	丙	滤纸质量较差，包装不规范、有欠缺	70~79分	
汤色 （b）	甲	色泽依茶类不同，但要清澈明亮	90~99分	
	乙	色泽依茶类不同，较明亮	80~89分	20%
	丙	欠明亮或有浑浊	70~79分	
香气 （c）	甲	香高鲜、纯正，有嫩茶香	90~99分	
	乙	高爽或较高鲜	80~89分	30%
	丙	尚纯、熟、老火或青气	70~79分	
滋味 （d）	甲	鲜醇、甘鲜、醇厚鲜爽	90~99分	
	乙	清爽、浓厚、尚醇厚	80~89分	30%
	丙	尚醇、浓涩、青涩	70~79分	
叶底 （e）	甲	滤纸薄而均匀、过滤性好，无破损	90~99分	
	乙	滤纸厚薄较均匀，过滤性较好，无破损	80~89分	10%
	丙	掉线或有破损	70~79分	

表3–25　红碎茶评分参考表

因子	档次	品质特征	评分	系数
外形 （a）	甲	嫩度好，锋苗显露，颗粒匀整、净度好，色鲜活油润	90~99分	
	乙	嫩度较好，有锋苗，颗粒较匀整，净度较好，色尚鲜活油润	80~89分	20%
	丙	嫩度稍低，带细茎，尚匀整，净度尚好，色欠鲜活油润	70~79分	

续表

因子	档次	品质特征	评分	系数
汤色 （b）	甲	色泽依茶类不同，但要清澈明亮	90~99分	
	乙	色泽依茶类不同，较明亮	80~89分	10%
	丙	欠明亮或有浑浊	70~79分	
香气 （c）	甲	香高鲜、纯正，有嫩茶香	90~99分	
	乙	高爽或较高鲜	80~89分	30%
	丙	尚纯、熟、老火或青气	70~79分	
滋味 （d）	甲	鲜醇、甘鲜、醇厚鲜爽	90~99分	
	乙	清爽、浓厚、尚醇厚	80~89分	30%
	丙	尚醇、浓涩、青涩	70~79分	
叶底 （e）	甲	嫩匀多芽尖，明亮、匀齐	90~99分	
	乙	嫩尚匀，尚明亮、尚匀齐	80~89分	10%
	丙	尚嫩、尚亮、欠匀齐	70~79分	

表3-26　粉茶评分参考表

因子	档次	品质特征	评分	系数
外形 （a）	甲	嫩度好、匀净，色鲜活	90~99分	
	乙	嫩度较好、匀净，色尚鲜活	80~89分	10%
	丙	嫩度稍低、较匀净，色欠鲜活	70~79分	
汤色 （b）	甲	色彩鲜艳、明亮	90~99分	
	乙	色彩尚鲜艳、尚明亮	80~89分	20%
	丙	色彩较差、欠明亮	70~79分	
香气 （c）	甲	嫩香、嫩栗香、清高、花香	90~99分	
	乙	清香、尚高、栗香	80~89分	35%
	丙	尚纯、熟、老火、青气	70~79分	
滋味 （d）	甲	鲜醇爽口、醇厚甘爽、醇厚鲜爽，口感细腻	90~99分	
	乙	浓厚、尚醇厚、口感较细腻	80~89分	35%
	丙	尚醇、浓涩、青涩，有粗糙感	70~79分	

（五）实训评价

根据实训结果，填写名优茶审评计分方法实训评价考核评分表（表3-27）。

表3-27　名优茶审评计分方法实训评价考核评分表

分项	内容	分数	自评分（10%）	组内互评分（10%）	组间互评分（10%）	教师评分（70%）	实际得分值
1	审评流程	30分					
2	审评术语应用	30分					
3	评分准确性	30分					
4	审评表整洁度	10分					
	合计	100分					

（六）作业

综合评价本项目审评茶叶的品质特征。

_____

_____

_____

_____

（七）学习反思

班级

小组

姓名

任务四　劣质茶的识别

（一）任务要求

掌握劣质茶的识别方法。

（二）背景知识及分析

茶叶加工中常见质量弊病及分析主要有以下几点。

茶叶的感官品质表现，是各种内含成分相互作用的结果。而内含成分的形成与变化，常涉及鲜叶原料、加工技术乃至物流包装等各个环节，诸多的因素共同影响着茶叶最终的品质。

不同的茶类间，许多品质弊病和缺陷都有相似之处，但由于要求各异，不同茶类产品的许多品质缺陷和弊病也不尽相同。以下就加工中常见的一些品质弊病，及其改进、完善和弥补的措施，按照感官品质的审评项目，予以简要介绍。

1. 茶叶外形缺陷及产生原因和改进措施

（1）条索粗松、松散

①产生原因：这是条形茶常见的一种不良品质表现，在各大茶类中均存在。其原因主要有以下几条。

采摘的茶叶原料嫩度差或老嫩不匀、加工工艺难于实现一致的结果，致使条索粗松或松散条混杂其中。

揉捻工序中适度加压欠缺、投叶过少，茶条卷紧度不足，造成松散条出现。

锅炒茶投叶过少、火温过高。由于茶叶水分被快速强迫散发，做形工序要求的收紧时间不够，茶叶很快干燥固形，导致茶条仍呈似原料般的松散形态。

红茶萎凋偏轻。

②改进措施：

严格控制原料采摘标准，力求采匀。进厂后鲜叶原料按照不同等级分别加工。

以揉出茶汁、紧卷成条、芽叶不破碎为适度；有选择性地调节揉捻工序的时间、投叶量和压力变化。

以产品的综合品质为要求，合理安排制作时间和加工工序，并避免为一味追求色泽表现而变动工艺。

加工条形红茶时，萎凋摊叶不可过厚，掌握萎凋适度标准，并根

（扫码观看微课视频）

劣质茶的识别（上）

劣质茶的识别（下）

学习笔记

据制作时的情况及时调节萎凋槽风量和萎凋时间。

（2）欠圆浑，带扁

①产生原因：各大茶类的机揉条形茶中可能出现的一种外形缺陷表现。原因主要在于揉捻工序：揉捻时投叶量过多，揉转不匀，致使茶条不圆不扁，有失整齐；加压过早、过重，塑形不当。

②改进措施：

按要求调整揉桶中的投叶量，投叶时不能完全压紧压实。

掌握加压、松压原则，做到适当、适度、适时。

（3）断碎

①产生原因：各大茶类普遍存在的品质弊病。原因通常在于以下几条。

杀青程度过老，含水量太低。

揉捻过度，压力过重。

揉捻叶含水量偏高。

绿茶二青时茶条未受热回软就过早搓揉或锅温过高。

滚条、车色时间过长。

贮运过程中受重压。

红茶萎凋偏轻。

②改进措施：

控制杀青程度。掌握嫩叶老杀、老叶嫩杀、老而不焦、嫩而不重的原则。

掌握揉捻适度的原则。

避免赶时间用重压短时揉捻或一压到底。

滚条、车色应掌握投料与时间的关系。

合理控制各过程的锅温。

贮运中轻拿轻放。

红茶萎凋时间应充足，最短不可少于6h。

（4）团块

①产生原因：各种条形茶常见的一种外形弊病表现。形成原因主要在于以下几条。

杀青扬炒及完成后的摊凉不足，叶片含水量高，芽叶挤压成块。

揉捻压力过大，加压过早，解块不够均匀彻底。

②改进措施：

改进解块机滚筒"铺齿"密度。

杀青叶含水量多时应多扬少闷。

（5）干茶色呈黄白、起泡

①产生原因：出现的原因主要有以下几条。

杀青或炒二、三青时火温过高。

翻炒不匀、欠及时。

②改进措施：

高温杀青或炒茶时翻炒应均匀，相应的速度要快。

机具加热时做到火力均匀，控制火温要先高后低。

（6）红筋红梗

①产生原因：这是绿茶产品中出现的缺陷。形成的原因主要有以下几条。

采摘手法不当，致使新梢断裂处细胞破损过大。

贮运鲜叶堆压过重过久，导致红变。

杀青时温度低，翻炒不匀不足，叶子受热不足。

揉捻后未及时干燥或干燥温度低、时间长。

②改进措施：

采用恰当的采摘方式。

贮运鲜叶的容器应透气，忌用塑料袋装运。

采下的鲜叶及时送至茶厂摊放散热。

鲜叶摊放不宜过厚、过久。

杀青要杀透、杀匀。

揉捻叶应及时干燥。初干温度不低于120℃。

（7）灰暗（枯）

①产生原因：在各类茶中均会出现的缺陷。主要原因包括以下几条。

绿茶加工中揉捻过度、制品液汁流出过多，致使茶多酚过多氧化。

绿茶初干温度偏低，炒干时间过长。

茶叶在潮湿环境中放置时间过长，致使茶叶受潮。

红茶萎凋过度。

红茶加工揉捻不足或发酵过度。

红茶、青茶干燥温度过高，足干时间偏长。

红茶中粗老原料过多。

青茶茶青偏嫩、晒青过度。

青茶做青过度。

②改进措施：

掌握揉捻适度，避免摩擦过度。

拣剔、包装时注意防潮。

茶叶从冷库中取出时注意密封，以避免茶叶过早在空气中暴露至冷凝的水分被吸附而受潮。

红茶萎凋时间不宜过长，一般不应超过18h。

红茶发酵要适度。

红茶、青茶的初干温度不宜超过130℃。

青茶应注意做青过程香气变化及适度。

青茶的干燥工序中烘焙温度由高渐低，中间逐次摊凉。

注意红茶原料嫩度，不宜老、嫩混杂加工。

（8）带黄

①产生原因：

绿茶干燥时间过长或火温过高。

复干机滚条温度过高、时间过长。

原料嫩度差，杀青叶在制品摊放过厚、时间过长。

青茶杀青温度过低，时间偏长。

青茶杀青或初干时投叶量过大，水汽不透而闷黄。

包揉的在制品温度过高，包揉处理时间过长。

②改进措施：

复炒、滚加热时掌握温度不超过80℃。

适当调整原料嫩度，控制摊放叶的厚度和时间。

掌握青茶杀青的时间、温度恰当。

控制青茶杀青、初干的投叶量。

根据工艺需要控制包揉工序的温度和时间。

（9）露筋、朴

①产生原因：

粗老的原料因揉捻（切）不当、表皮破损，茶叶茎梗上的木质部露出。

混杂在新梢中的老叶因破损呈残片状。

②改进措施：

规范采摘标准，把握好原料嫩度的一致性。

适当调整揉捻的工艺参数。

（10）焦斑、爆点

①产生原因：这类较常见的弊病形成原因是加热工序的温度过高使茶叶产生局部炭化，尤其是嫩芽尖和叶缘易被烧焦。

②改进措施：

控制投入加工的在制品数量。

注意机具的运转情况，突出关注加热的均匀性。

（11）花青

①产生原因：这一弊病常出现在红茶中。原因有以下几条。

鲜叶老嫩混杂，致使加工不能一致。

萎凋、发酵不匀。

②改进措施：

合理采摘，老、嫩分采分制。

揉捻叶解块筛分后，老、嫩叶分别发酵。

（12）红褐发枯

①产生原因：属于青茶的外形弊病。产生原因有以下几条。

晒青过度或高温烫伤。

做青过度。

杀青叶高温揉捻。

②改进措施：

采用晒青专用工具，摊叶厚度和晒青时间适当，不使晒青茶接触水泥地面。

做青环境温度应适当，防止做青过度。

揉捻叶温度不高于40℃。

（13）青绿

①产生原因：常见于经过包揉的青茶。产生原因有以下几条。

原料未晒青或晒青不足。

做青期间空气湿度大，走水不畅。

做青发酵不足。

杀青时间短产生"返青"现象。

②改进措施：

原料应及时晒青，并保证晒青时间。

控制摇青期间的温、湿度。

按品种特性掌握摇青次数和力度。

杀青要求杀透、杀匀，然后再进行包揉。

2. 汤色常见不足及产生原因和改进措施

（1）深暗

①产生原因：形成这种弊病的原因有以下几条。

因茶叶受潮等原因造成品质陈化，导致颜色加深。

原料中混杂紫芽紫叶。

红茶发酵过度。

②改进措施：

重视茶叶保鲜，增强保鲜手段的利用。

加强原料管理，及时剔除已采的不符合要求的原料。

红茶发酵程度应适宜，防止过度。

（2）沉淀

①产生原因：形成这种弊病的原因有以下几条。

加工中生产者对卫生重视不足，茶叶随意在地上摊放；接触在制品的器具不清洁。

工艺不当，加工中形成的茶叶细末受热炭化产生沉淀。

②改进措施：

保持加工场地与器具的清洁，确保茶叶加工中不落地。

及时清理加热机具中的在制品积垢。

根据在制品整碎程度进行筛分，分别炒制。

（3）茶汤泛红

①产生原因：造成绿茶茶汤泛红的原因在于叶片细胞内茶多酚氧化。主要原因有以下几条。

鲜叶采摘后贮运处理不当，有叶片堆积、挤压现象。

杀青温度太低或杀青不足。

揉捻后摊放过久，未及时干燥。

干燥温度偏低、投叶太厚，闷黄了干燥叶。

②改进措施：

鲜叶贮运应轻拿轻放，避免叶片因相互挤压而擦伤。

杀青要匀透，充分摊凉。

揉捻叶应及时干燥。

初干掌握摊薄、高温短时，防止"闷蒸"。

（4）浑浊

①产生原因：

揉捻加压过重。

红茶萎凋偏轻，致使含水量过高。

在制品加工不及时，相关成分氧化过度或细菌污染变质。

②改进措施：

揉捻加压掌握"轻—重—轻"原则。

红茶萎凋叶含水量，条形茶不高于60%，碎茶不高于64%。

按各工序工艺要求及时加工，做到当天原料、当天加工完毕。

3. 香气缺陷及产生原因和改进措施

（1）异气

①产生原因：茶叶产品在加工、运输或贮存期间遭受污染，吸附非正常茶香的其他气味，致使香气不纯，散发出令人不快的气味。这类污染可能来自加工机具漏烟漏油、包装材料不清洁、与有味的其他物品混合贮运、工作人员不当操作以及产品包装密封性欠佳等。

②改进措施：要解决这个问题，必须在查清污染源的基础上，有针对性地采取消除措施和预防方法，实现茶叶产品保鲜和避免被污染

的目的。

（2）水闷气

①产生原因：这种由于"捂水"形成弊病的原因有以下几条。

采摘雨水叶，未能及时处理叶片表面水分。

绿茶杀青闷炒过久，杀青不透。

杀青叶未经摊凉，或摊凉不足直接进行揉捻。

干燥温度过低，水汽没有充分发散。

青茶做青不足，"走水"不畅，杀青不透，包揉时间太久。

茉莉花茶窨制中通花散热不够，热闷的时间过长。

茉莉花茶窨制时没有用鲜花进行提花；或是虽有提花，但花朵不新鲜。

②改进措施：

雨水叶经通风摊放（或用脱水机）去除表面水。

杀青时适当"扬炒"。

在制品加工期间各加热工序完成后注意进行摊凉。

适当提高干燥温度。

青茶做青发酵程度不宜低于20%。

茉莉花茶窨制中做到及时通花散热，避免堆温上升过高。

用适量茉莉鲜花进行提花，可有效降低水闷味。

（3）焦气

①产生原因：造成这种弊病是由于在制品吸附叶片炭化时产生的气味。主要原因有以下几条。

绿茶用滚筒、锅炒方式杀青时有老叶、附着叶混入，且温度过高，致使翻炒不匀。

绿茶杀青叶因水汽蒸发，带出的茶汁黏着筒（锅）壁持续受高温作用而炭化。

揉捻后末茶过多，干燥温度太高使之炭化。

杀青或炒干时出叶不净，造成部分宿叶炭化产生烟焦味。

②改进措施：

鲜叶杀青时正确控制加热温度。

恰当控制干燥温度。

及时清理筒（锅）壁附着叶。

揉捻完成后应及时解块并筛分末茶。

（4）熟闷气

①产生原因：

低温杀青因闷杀过长闷熟。

杀青程度太轻，含水量高，杀青叶摊凉时间过长。

幼嫩的原料在干燥时温度低、时间长，反而散失优良的香气风味，转化形成。

茶叶产品保鲜不当，受潮陈化形成。

②改进措施：

杀青锅充分预热，扬、闷结合。

杀青时投叶量不可过多。

合理掌握杀青程度，掌握"嫩叶老杀，老叶嫩杀"的原则。

炒干温度、时间适当。

加强产品防潮保鲜措施。

（5）生青气

①产生原因：

鲜叶不经摊放直接加工。

绿茶高温短时杀青，闷杀后扬炒不足。

杀青程度偏轻，杀青不匀不透有青张。

杀青叶不经揉捻或揉捻程度过轻。

干燥时追求时效，温度过高而时间过短。

红茶萎凋偏轻。

红茶发酵不足、不匀。

青茶晒青和做青不足。

②改进措施：

鲜叶进行适度摊放。

适当延长杀青的扬炒时间；扬、闷结合；杀匀杀透，达到适度标准。

揉捻做形时注意改善青气。

干燥工序不能片面强调速度。

加工红茶在萎凋时摊叶厚度适当。

避免高温短时萎凋。

发酵时适时通氧，并注意温度控制。

确保青茶晒青和做青完成充分。

（6）酸馊气

①产生原因：这种严重的弊病属于变质。产生原因有以下几条。

鲜叶堆闷过久发热，致使部分原料变质。

揉捻后在制品摊放过厚。

红茶发酵后未能及时干燥，堆积过久。

揉捻、解块、发酵机具不洁，导致在制品被污染。

②改进措施：

鲜叶不可堆闷、日晒，及时运送进车间摊放降温。

红茶加工中发酵温度不得高于26℃。

红茶加工发酵时防止发酵过度，发酵适度的在制品立即进行干燥。

每次使用后的揉捻、解块、发酵机具，应及时清洗干净。

（7）陈气

①产生原因：由于加工、贮存不当，茶叶产品中水分含量过高，内含成分发生不可逆转的化学变化，致使品质严重下降，出现特殊的陈化气味。对绿茶、红茶和青茶等产品而言，陈气意味着饮用价值的严重下降；但是对一些特定茶类，如普洱茶等产品，陈气是一种指标性的品质。

②改进措施：要避免陈气出现，须做到以下几点。

确保产品的干燥程度达到品质要求。

必须重视保鲜措施。尤其在茶叶产品存放的过程中，应通过综合手段的应用，包括选择适合的包装材料、使用保鲜剂、低温保存等方法，做到隔湿、隔氧、避光，以延缓陈气形成。

（8）日晒气

①产生原因：经过强烈阳光较长时间照射的已采茶叶原料、在制品或加工好的产品，由于茶叶内含成分在紫外线的影响下发生光化学反应，都会形成日晒气，这种气味并不为许多消费者接受。

②改进措施：为防止日晒气的产生，除了某些有特定要求的茶叶产品外，在茶叶加工过程中和产品存放时，都应避免阳光直射。

（9）发酵气

①产生原因：发酵气是青茶的一种风味弊病。产生原因有以下几条。

做青过度。

原料静置时堆放过厚。

②改进措施：

做青要适度。

摊放静置时原料厚度宜薄。

（10）透素

①产生原因：这是茉莉花茶产品中出现的一种香气品质弊病。茶叶冲泡后花香不足而散发出茶叶本身的香气。产生原因有以下几点。

窨花下花量不足。

窨花窨次少。

②改进措施：

按工艺要求合理掌握窨花下花量。

适当调整窨次，至产品品质符合要求。

（11）透兰

①产生原因：茉莉花茶的香气、滋味中出现浓郁的白兰花的气

味,由于香味不协调而被称为一种弊病。产生原因有以下几条。

窨制时茉莉花用量少、下花量不足。

为降低生产成本,过多增大用于打底的白兰花用量。

②改进措施:

窨花加工时确保有标准数量的茉莉花下花量。

打底使用的白兰花数量应按照工艺要求的限量进行控制,一般每50kg茶坯的打底白兰茶用花量不得超过1kg。

4. 滋味缺陷及产生原因和改进措施

由于茶叶的滋味和香气都是经过冲泡才表现出的感官感受,冲泡的过程使散发的香气物质与呈味的成分形成密切的关系,甚至会在香、味上形成一致的感官感受,即茶叶的香气与滋味有很强的相关性。对于茶叶产品中存在的一些品质弊病,这种相关性同样存在:在香气中出现的异常气味,在滋味中往往也会产生相似的味觉感受。这种嗅、味感觉的相关性源于茶叶产品形成过程中的特定情况。因此,对香气中出现的品质弊病,在很多情况下所采取的改善措施,也适合在同样情况下滋味产生的品质弊病改善办法。当然,也有某些品质弊病只是在滋味中单独存在的。

(1)苦味的产生原因

①以某些特定的茶树品种新梢为原料。

②采摘某些病变的原料。

③混杂紫色芽叶。

④夏、秋茶,且加工中揉捻过重。

(2)避免苦味茶叶的改进措施

①避免采用病变叶做原料。

②夏、秋茶加工中应加强各工序间的摊放处理;揉捻时加压适当,防止加压过重。

③不采紫色芽叶。在茶园中增施有机肥,减少紫色芽叶的形成。

5. 叶底缺陷及产生原因和改进措施

(1)红梗红叶

①产生原因:绿茶出现红梗红叶的原因有以下几条。

采下鲜叶压得过紧,不及时运送,盛叶容器不透气。

杀青温度太低,或杀青不足。

鲜叶挤压受伤,未及时杀青。

揉捻后未及时干燥,摊放时间过久。

②改进措施：

改进鲜叶装运、摊青条件，避免原料损伤。

杀青做到杀透、及时。

揉捻后及时干燥。

（2）烧条焦末

①产生原因：

杀青温度太高，杀青不匀。

干燥温度过高。

未除净杀青、干燥机具设备内的宿叶。

②改进措施：

杀青温度力求均匀。

按规定标准调整干燥温度。

复炒时如碎末过多，应先用筛除末。

及时清除加工设备中留下的宿叶。

（3）花杂

①产生原因：多见于条形茶。产生原因有以下几条。

原料老嫩不匀。

红茶萎凋不足、不匀。

红茶发酵不匀。

②改进措施：

控制采摘标准。

红茶加工严格按工艺要求进行，避免萎凋、发酵处理不当。

（4）乌暗

①产生原因：红茶产品中出现的弊病。产生原因有以下几条。

茶叶发酵过度。

茶叶受细菌作用而劣变。

茶叶陈化。

②改进措施：

掌握发酵适度。

完善茶叶保鲜贮存条件，避免微生物污染。

（5）粗糙硬缩

①产生原因：

红茶萎凋过度。

发酵室湿度过低。

初干温度过高。

原料粗老。

②改进措施：

萎凋时叶层均匀、厚薄适当。

发酵室空气相对湿度保持在95%以上。

初干温度不超过120℃。

按标准采摘鲜叶原料。

（6）死红

①产生原因：青茶叶底出现的弊病。产生原因有以下几条。

原料因挤压受伤而造成红变。

高温过度造成红变。

摇青过重、发酵过度和包揉次数、时间过多过长。

②改进措施：

采茶时不可损伤叶片。

原料在贮运过程中不可受晒、不能紧压。

掌握各工序的适度标准。

（三）实训步骤及实施

1. 实训地点

茶叶审评实训室。

2. 课时安排

实训授课4学时，每次2学时，共计90min，其中教师讲解10min，学生分组练习50min，考核30min。

3. 实训步骤

（1）实训开始。

（2）备具　评茶盘、评茶杯碗、叶底盘、茶匙、天平、定时钟、烧水壶等。

（3）备样　准备有问题的茶样4～8种。

（4）把盘评外形，重点看润泽度、匀整度等。

（5）扦样。

（6）开汤。

（7）热嗅　重点嗅纯异，判断是否带酸味、馊味、陈气、烟气、焦气、霉气等。

（8）汤色　重点看亮度。

（9）温嗅　重点嗅香气的类型与高低。

（10）滋味　进一步确定香气的异味在滋味中是否体现，是否有新的异味体现。

（11）冷嗅　重点嗅香气的持久性。

（12）叶底　重点看嫩度、亮度、匀整度。

（13）实训结束。

（四）实训预案

劣质茶的识别在评茶技能鉴定或评茶技能比赛中常作为实操考题，茶样品质差异及数量、茶名识别、五因子评语等可作为控制题目难度的因素。

出题的方法有多种，以下列举其中一种。

试题准备：准备有问题的茶样两支，分别编号A、B。

题目：请在15min内完成茶样A、茶样B的弊病审评，并填写表3-28。

表3-28　茶叶弊病审评表

项目		茶样A	茶样B
茶名			
评语	外形		
	汤色		
	香气		
	滋味		
	叶底		
品质缺陷			
产生原因			
改进措施			

（五）实训评价

根据实训结果，填写劣质茶的识别实训评价考核评分表（表3–29）。

表3–29　劣质茶的识别实训评价考核评分表

分项	内容	分数	自评分（10%）	组内互评分（10%）	组间互评分（10%）	教师评分（70%）	实际得分值
1	外形问题及改进措施	20分					
2	汤色及改进措施	20分					
3	香气及改进措施	20分					
4	滋味问题及改进措施	20分					
5	叶底及改进措施	20分					
	合计	100分					

（六）作业

判断审评茶叶样品产生质变的原因并提出改进措施。

_____

_____

_____

_____

_____

_____

_____

（七）学习反思

附录一

国家职业技能标准《评茶员》（2019年版）（6-02-06-11）

1　职业概况

1.1　职业名称

评茶员。

1.2　职业编码

6-02-06-11。

1.3　职业定义

运用感官评定茶叶色、香、味、形的品质及等级的人员。

1.4　职业技能等级

本职业共设五个等级，分别为：五级/初级工、四级/中级工、三级/高级工、二级/技师、一级/高级技师。

1.5　职业环境条件

室内，常温。

1.6　职业能力特征

视觉、嗅觉、味觉、触觉等感觉器官功能良好，有一定的学习能力和语言表达能力。

1.7　普通受教育程度

初中毕业（或相当文化程度）。

1.8　职业技能鉴定要求

1.8.1　申报条件

——具备以下条件之一者，可申报五级/初级工：

（1）累计从事本职业或相关职业（指茶叶加工工、茶艺师，下同）工作1年（含）以上。

（2）本职业或相关职业学徒期满。

——具备以下条件之一者，可申报四级/中级工：

（1）取得本职业五级/初级工职业资格证书后，累计从事本职业或相关职业工作4年（含）以上。

（2）累计从事本职业或相关职业工作6年（含）以上。

（3）取得技工学校本专业（指茶学，茶树栽培与茶叶加工，下同）或相关专业（指机械制茶、茶艺与茶叶营销、茶艺与贸易等与茶相关的专业，下同）毕业证书（含尚未取得毕业证书的在校应届毕业生）；或取得经评估论证、以中级技能为培养目标的中等及以上职业学校本专业或相关专业毕业证书（含尚未取得毕业证书的在校应届毕业生）。

——具备以下条件之一者，可申报三级/中级工：

（1）取得本职业四级/中级工职业资格证书后，累计从事本职业或相关职业工作5年（含）以上。

（2）取得本职业四级/中级工职业资格证书，并具有高级技工学校、技师学院毕业证书（含尚未取得毕业证书的在校应届毕业生）；或取得本职业或相关职业四级/中级工职业资格证书技能等级证书，并具有经评估论证、以高级技能为培养目标的高等职业学校本专业毕业证书（含尚未取得毕业证书的在校应届毕业生）。

（3）取得本职业四级/中级工职业资格证书，并具有大专及以上本专业或相关专业毕业证书（含尚未取得毕业证书的在校应届毕业生）。

——具备以下条件之一者，可申报二级/技师：

（1）取得本职业三级/高级工职业资格证书后，累计从事本职业或相关职业工作4年（含）以上。

（2）取得本职业三级/高级工职业资格证书的高级技工学校、技师学院毕业生，累计从事本职业或相关职业工作3年（含）以上；或取得本职业或相关职业预备技师证书的技师学院毕业生，累计从事本职业或相关职业工作2年（含）以上。

——具备以下条件者，可申报一级/高级技师：

取得本职业二级/技师职业资格证书后，累计从事本职业或相关职业工作4年（含）以上。

1.8.2　鉴定方式

分理论知识考试、技能考核以及综合评审。理论知识考试以笔试、机考等方式为主，主要考核从业人员从事本职业应掌握的基本要求和相关知识要求；技能考试主要采取现场操作、模拟操作等方式进行，主要考核从业人员从事本职业应具备的技能水平；综合评审主要针对技师和高级技师，通常采取审阅申报材料、答辩等方式进行全面评议和审查。

理论考试成绩、技能考核和综合评审实行百分制，成绩皆达60分（含）以上者为合格。

1.8.3　监考人员、考评人员与考生配比

理论知识考试监考人员与考生比不低于1∶15，且每个考场不少于2名监考人员；

技能操作考核考评员与考生配比1∶10，且考评人员为3人（含）以上单数。

综合评审委员为3人（含）以上单数。

1.8.4　鉴定时间

理论知识考试时间：五级/初级工、四级/中级工、三级/高级不少于120分钟，二级/技师、一级/高级技师不少于150分钟；技能操作考核时间：五级/初级工、四级/中级工、不少于60分钟；三级/高级工不少于90分钟，二级/技师、一级/高级技师不少于120分钟，综合评审时间不少于60分钟。

1.8.5　鉴定场所设备

技能操作考核场地须符合GB/T 18797《茶叶感官审评室基本条件》要求，具备必需的审评场地、设施和器具，并需符合GB/T 23776《茶叶感官审评方法》的要求。

具体审评场地、设施和器具如下：审评室面积不小于10m²，采光以自然光为主，宜坐南朝北，北向开窗（以人造光源采光的除外），室内色调应选择中性色，以白色、浅灰色及灰色为主；干评台（台面黑色亚光）、湿评台（台面白色亚光）；柱形审评杯（150mL或250mL）和盖碗（110mL）及与之相匹配的审评碗、分样盘、评茶盘、叶底盘、称量用具、计时器等用具。

2　基本要求

2.1　职业道德

2.1.1　职业道德基本知识

2.1.2　职业守则

（1）忠于职守，爱岗敬业。

（2）科学严谨，客观公正。

（3）注重调查，实事求是。

（4）团结协作，不断进取。

（5）遵纪守法，讲究公德。

2.2　基础知识

2.2.1　茶叶产区、分类及品质特征

（1）茶叶产区分布。

（2）茶叶分类及各茶类基本加工工艺流程。

（3）各茶类不同品质特征形成的关键加工工序。

2.2.2　茶叶感官审评基础知识

（1）茶叶感官审评室的环境要求。

（2）茶叶感官审评设施和器具的规格要求。

（3）茶叶感官审评人员感官生理基本要求。

（4）茶叶实物标准样的定义及等级的设置。

（5）不同茶类审评方法。

2.2.3　茶叶感官审评技术知识

（1）评茶基本功

①分样、摇盘、收盘。

②扦样、开汤。

③双杯找对。

④评茶术语的应用。

（2）茶叶等级、品质的判定

①对样评茶知识。

②茶叶等级的判定。

③茶叶品质优劣的判定。

2.2.4　茶叶标准知识

（1）茶叶产品标准及检验方法标准的相关知识。

（2）茶叶质量的国家强制性标准的相关知识。

2.2.5　茶叶包装标识的基本知识

2.2.6　称量器具使用的基本知识

（1）天平的使用。

（2）其他称量器具的使用。

2.2.7　安全知识

（1）实验室安全操作规范。

（2）安全用电规范。

（3）防火防爆操作规范与安全知识。

2.2.8　有关法律、法规知识

（1）《中华人民共和国劳动法》相关知识。

（2）《中华人民共和国劳动合同法》相关知识。

（3）《中华人民共和国消费者权益保护法》相关知识。

（4）《中华人民共和国标准化法》相关知识。

（5）《中华人民共和国产品质量法》相关知识。

（6）《中华人民共和国商标法》相关知识。

（7）《中华人民共和国知识产权法》相关知识。

（8）《中华人民共和国食品安全法》相关知识。

3　工作要求

本标准对五级/初级工、四级/中级工、三级/高级工、二级/技师、一级/高级技师的技能要求依次递进，高级别涵盖低级别的要求。

3.1　五级/初级工

职业功能	工作内容	技能要求	相关知识要求
1. 样品管理	1.1　样品信息采集	1.1.1　能做好样品规格、茶品类、数量等信息登记 1.1.2　能按照统一格式，对样品进行编号 1.1.3　能根据无包装样品的外观、色泽等初步判别茶类	1.1.1　茶叶包装标识知识 1.1.2　茶叶分类知识
	1.2　样品归类存放及标准的选择	1.2.1　能根据样品的包装标识确定所属的基本茶类 1.2.2　能按照样品所属的基本茶类选择适用的文字标准及实物标准样 1.2.3　能按不同的茶类选择相应的存放环境	1.2.1　我国茶叶标准知识 1.2.2　茶叶储藏保质知识
2. 茶叶感官审评准备	2.1　茶叶感官审评设施、用具准备	2.1.1　能按茶叶感官审评要求清洁审评室 2.1.2　能按茶叶感官审评要求准备设施 2.1.3　能准备茶叶感官审评器具，并按顺序编号 2.1.4　能根据安全用电和实验室防火防爆要求检查审评室	2.1.1　茶叶感官审评室环境的要求 2.1.2　干评台、湿评台、茶具规格的要求 2.1.3　安全用电和安全操作规程

续表

职业功能	工作内容	技能要求	相关知识要求
2. 茶叶感官审评准备	2.2 相关标准准备	2.2.1 能根据茶样选择相应产品的文字标准（企业标准） 2.2.2 根据产品标准准备实物标准样或实物参考样	2.2.1 实物标准样的定义 2.2.2 实物标准样设置等级依据
3. 感官品质评定	3.1 分样	3.1.1 能用四分法缩分茶样至所需数量 3.1.2 将缩分茶样进行编码并置于评茶盘中	3.1.1 分样程序 3.1.2 分样方法
	3.2 干看外形	3.2.1 摇盘时茶叶在盘中能回旋筛转，收盘后上、中、下三段茶层次分明 3.2.2 能评比形状的粗细、长短、松紧、身骨轻重；能评比紧压茶个体的形状规格、匀整度、松紧度及里茶、面茶 3.2.3 能评比面张、中段、下段三档比例是否匀称 3.2.4 能评比色泽的鲜陈、润枯、匀杂 3.2.5 能评比茶类及非茶类夹杂物的含量情况	3.2.1 摇盘、收盘的基本手法和要点 3.2.2 不同茶类基本品质特征及外形审评方法
	3.3 湿评内质	3.3.1 能进行匀样、称样，并按编码顺序置入茶叶审评杯中 3.3.2 能确定相应的杯碗器具、茶水比例、冲泡时间和水温 3.3.3 能按审评要求看汤色、嗅香气、尝滋味和看叶底 3.3.4 能区别汤色的深浅、明暗、清浊 3.3.5 能辨别陈、霉、焦、烟、异等不正常气味 3.3.6 能辨别叶底的嫩度（或成熟度）、匀度、色泽	3.3.1 称量器具使用基本知识 3.3.2 称样的基本常识 3.3.3 不同茶类内质审评方法
	3.4 品质记录	3.4.1 能按茶叶感官审评程序记录品质情况 3.4.2 能使用茶叶感官审评术语描述常见某一茶类的主要品质特征	3.4.1 品质记录表的使用知识 3.4.2 茶叶感官审评术语中通用术语运用知识
4. 综合评定	4.1 记录汇总	4.1.1 能根据品质记录对各品质因子情况进行汇总 4.1.2 能识别劣变茶、次品茶、真假茶	4.1.1 劣变茶的识别知识 4.1.2 次品茶的识别知识 4.1.3 真假茶的识别知识
	4.2 结果计算及判定	4.2.1 能根据各项因子分数计算总分 4.2.2 能对照茶叶实物标准样对某一类茶叶的外形、内质进行定级	4.2.1 对样评茶知识 4.2.2 品质计分方法 4.2.3 初制茶等级判定原则

3.2 四级/中级工

职业功能	工作内容	技能要求	相关知识要求
1. 样品管理	1.1 取样	1.1.1 能按茶叶取样的操作规程，从大堆样中扦取具有代表性的试样 1.1.2 能根据茶样外形特征判定所用标准是否适当	1.1.1 茶叶取样标准知识 1.1.2 各茶类产品检验知识
	1.2 包装分析	1.2.1 能分析茶样包装标签是否符合食品标签标准要求 1.2.2 能提出茶叶包装改进的建议	1.2.1 预包装食品标签标准知识 1.2.2 茶叶包装材料与茶叶品质保持的知识
2. 茶叶感官审评准备	2.1 茶叶感官审评设施、用具准备	2.1.1 能根据天气变化做好审评室内光照、温湿度的调节，使其符合茶叶审评要求 2.1.2 能做好茶叶感官审评设施的维护、保养工作	2.1.1 茶叶感官审评室内光照温湿度的要求 2.1.2 茶叶感官审评设施的维护、保养知识

续表

职业功能	工作内容	技能要求	相关知识要求
2. 茶叶感官审评准备	2.2 标准样准备	2.2.1 能根据相关茶类准备相应的文字标准（企业、国家、行业或地方标准） 2.2.2 能准备相应的实物标准样或参考样（企业、国家、行业或地方标准）	2.2.1 不同茶类的国家、企业、行业或地方标准的知识 2.2.2 不同茶类实物标准样或参考样总体品质水平的设置知识
3. 感官品质评定	3.1 分样	3.1.1 能根据不同茶类选择相应的分样方法 3.1.2 能按照操作规程准确均匀缩分茶样	3.1.1 不同茶类的分样方法及操作规程知识
	3.2 干看外形	3.2.1 能评定六大茶类中某一大茶类的初、精制茶及再加工茶外形各因子及不同级别的品质特征 3.2.2 能分析该茶类外形各因子品质不足之处	3.2.1 不同茶类的初、精制加工工艺知识 3.2.2 不同茶类不同级别的外形各因子品质特征知识
	3.3 湿评内质	3.3.1 能评定六大茶类中某一大茶类的初、精制茶及再加工茶内质各因子 3.3.2 能辨别不同级别的香气类型、高低、浓淡和纯异 3.3.3 能辨别不同级别的滋味浓淡、强弱、鲜陈 3.3.4 能辨别不同级别的叶底特征	3.3.1 不同茶类不同级别的内质各因子品质特征知识
	3.4 品质记录	3.4.1 能使用相关茶类的感官审评术语，描述该茶类不同级别的外形、内质各因子的品质特征 3.4.2 能按相关茶类品质评分要求，对照实物标准样或成交样，对该茶类外形内质各因子进行评分	3.4.1 等级评语的运用知识 3.4.2 等级评分方法
4. 综合评定	4.1 记录汇总	4.1.1 能根据适用的文字标准，对照品质记录表，对各品质因子情况进行汇总分析 4.1.2 能根据外形、内质各因子的品质评分情况，按该茶类各因子的权数比例计算总分	4.1.1 对样评语的运用知识 4.1.2 不同茶类品质因子权数分配知识
	4.2 结果计算及判定	4.2.1 能对照实物标准样，对六大茶类中某一大茶类的初、精制茶及再加工茶进行定级 4.2.2 能根据总分判定相关茶类各品质因子与标准的差距	4.2.1 不同茶类精制茶、再加工茶的种类与名称知识 4.2.2 对样评分方法

3.3 三级/高级工

职业功能	工作内容	技能要求	相关知识要求
1. 样品管理	1.1 分类、保管	1.1.1 能指导初、中级评茶员分清茶样类别，确定所用标准是否合理 1.1.2 能根据茶类的不同特性保管好样品	1.1.1 茶叶陈化变质的原理 1.1.2 茶叶储藏保鲜的方法
	1.2 包装分析	1.2.1 能指导初、中级评茶员对茶叶包装进行深入分析 1.2.2 能对茶叶包装不足之处，提出指导性的改进意见	1.2.1 茶叶品质检验项目知识 1.2.2 限制商品过度包装知识
2. 茶叶感官审评准备	2.1 茶叶感官审评环境、设施的准备	2.1.1 能根据气候变化、人体状态，做好审评室内色调、采光、噪音、温湿度等各项指标的调节和控制 2.1.2 能指导初、中级评茶员做好茶叶审评设施、器具的准备和保养工作	2.1.1 茶叶感官审评室基本条件的标准 2.1.2 人体状态与感官灵敏度的相关性知识

续表

职业功能	工作内容	技能要求	相关知识要求
2. 茶叶感官审评准备	2.2 标准样准备	2.2.1 能根据相关茶类的生产加工采纳和市场销售质量水平选留实物参考样 2.2.2 能根据相应的文字标准或实物标准样确定相应级别实物参考样	2.2.1 不同茶类市场参考样的选取知识 2.2.2 市场调研知识
3. 感官品质评定	3.1 干看外形	3.1.1 能评定六大茶类中三大茶类的初、精制茶及再加工茶的外形各因子及不同级别的品质特征 3.1.2 能找出相关茶类外形各因子中存在的品质弊病	3.1.1 大宗茶与名优茶的形态异同知识 3.1.2 相关茶类的再加工茶加工工艺知识
	3.2 湿评内质	3.2.1 能按照内质审评操作要领，在相同的条件下进行不同个体样品的内质评定，减少误差 3.2.2 能评定六大茶类中三大茶类的初、精制茶及再加工茶内质各因子及不同级别的品质特征 3.2.3 能找出相关茶类内质各因子中存在的品质弊病	3.2.1 茶叶内质审评中误差的控制知识 3.2.2 大宗茶与名优茶的内质异同知识
	3.3 品质记录	3.3.1 能使用茶叶感官审评术语描述六大茶类中三大茶类的初、精制茶及再加工茶的品质情况及存在的品质弊病 3.3.2 能按不同茶类审评方法的差异设计品质记录表	3.3.1 茶叶感官审评术语标准知识 3.3.2 茶叶外形、内质各因子之间的相互关系知识
4. 综合评定	4.1 记录汇总	4.1.1 能综合评定六大茶类中三大茶类的初、精制茶及再加工茶外形、内质各因子 4.1.2 能评定六大茶类中三大茶类的初、精制茶及再加工茶与实物标准样之间的差距，并对各因子分别进行评比计分	4.1.1 精制茶及再加工茶等级的设置原则及评定
	4.2 结果计算及判定	4.2.1 能对照实物标准样，对六大茶类中三大茶类的初、精制茶及再加工茶进行定级，误差不超过正负1/2个级 4.2.2 能按七档制法对精制茶各因子评比、计分，并按总分判定其高于或低于实物标准样或成交样，误差在正负3分（含）以内	4.2.1 精制茶及再加工茶等级判定知识

3.4　二级/技师

职业功能	工作内容	技能要求	相关知识要求
1. 样品管理	1.1 指导接样	1.1.1 能指导初、中、高级评茶员进行扦样、分样、制样及样品的登记和保管 1.1.2 能解决样品管理中存在的问题	1.1.1 样品管理工作流程及岗位制度
	1.2 咨询策划	1.2.1 能对茶叶包装与质量相关的问题提供咨询 1.2.2 能策划符合国家有关食品安全及标签标识等要求的包装方案	1.2.1 食品安全、包装与标签标识知识
2. 感官品质评定	2.1 干看外形	2.1.1 能运用不同茶类的外形各因子的审评技术分析六大茶类的初、精制茶及再加工茶不同级别的外形品质特征 2.1.2 能分析各茶类中外形品质弊病的产生原因并提出改进措施	2.1.1 茶叶加工工艺特点与茶叶品质形成的关系知识

续表

职业功能	工作内容	技能要求	相关知识要求
2. 感官品质评定	2.2 湿评内质	2.2.1 能运用不同茶类的内质各因子审评技术分辨六大茶类的初、精制茶及再加工茶不同产区、品种、季节、级别等品质特征 2.2.2 能分析各茶类内质品质弊病的产生原因并提出改进措施 2.2.3 能指导初、中、高级评茶员正确辨别不同品质类型的内质差异	2.2.1 不同茶树品种、产区的茶叶特征形成的相关知识 2.2.2 不同季节的茶叶特征知识
	2.3 品质记录	2.3.1 能准确运用茶叶感官审评术语，描述六大茶类初、精制茶及再加工茶的品质情况及优缺点 2.3.2 能指导初、中、高级评茶员准确、规范使用评茶术语 2.3.3 能指导初、中、高级评茶员按各茶类品质评定要求，设计品质记录表，并能完整表现各因子的总体品质情况	2.3.1 品质记录表的制作与设计要求知识
3. 综合评定	3.1 汇总设计	3.1.1 能综合评定六大茶类的初、精制茶及再加工茶外形、内质各因子，指出总体品质与标准样或成交样的差距 3.1.2 针对茶叶加工品质缺陷，能提出加工工艺改进措施 3.1.3 针对茶叶储存品质缺陷，能提出有效的储藏保鲜措施 3.1.4 能根据原料品质情况和市场消费水平制定合理的茶叶拼配方案	3.1.1 茶叶加工工艺与加工机械的性能知识 3.1.2 茶叶拼配技术及相关知识
	3.2 结果计算及判定	3.2.1 能对六大茶类的初、精制茶及再加工茶定级，误差不超过正负1/3个级 3.2.2 能按七档制法对不同茶类精制茶各因子评比、计分，并按总分判定其高于或低于实物标准样或成交样，误差在正负2分（含）以内	3.2.1 精制茶品质综合判定的原则
4. 培训指导	4.1 培训	4.1.1 能根据职业标准和教学大纲的要求编写初、中、高级评茶员教学计划 4.1.2 能根据教学计划对初、中、高级评茶员进行授课	4.1.1 教学计划编写的相关知识
	4.2 指导	4.2.1 能指导初、中、高级评茶员开展日常工作 4.2.2 能指导初、中、高级评茶员的技能训练	4.2.1 生产、实习教学方法
5. 组织管理	5.1 实物标准样制备及定价	5.1.1 能根据生产和市场情况，结合历年茶叶等级的设置水平，制备实物标准样 5.1.2 能根据茶叶市场价格、生产情况及结合茶类的生产成本，合理定价	5.1.1 实物标准样的制备知识 5.1.2 市场营销知识
	5.2 技术更新	5.2.1 能搜集国内外有关茶叶生产的新技术信息 5.2.2 能运用新技术、新方法评鉴茶叶产品质量	5.2.1 国内外茶叶科技动态知识 5.2.2 信息的搜集整理知识

3.5 一级/高级技师

职业功能	工作内容	技能要求	相关知识要求
1. 感官品质评定	1.1 干看外形	1.1.1 能运用茶树品种学、制茶学、生理生态学知识分析不同茶类外形品质的形成原因 1.1.2 能运用茶树栽培技术、生产加工基础理论分析名优茶类特殊品质的形成原因 1.1.3 能分析历史文化对茶叶市场知名度的影响	1.1.1 茶树品种与制茶工艺对品质的影响知识 1.1.2 茶树栽培、生态环境、生产技术与品质关系的知识 1.1.3 茶叶历史文化对市场知名度影响的知识
	1.2 湿评内质	1.2.1 能运用茶叶感官审评理论知识，分析不同茶类内质审评的技术要点及品质形成的机理 1.2.2 能运用茶叶生物化学知识，分析品质特征及品质弊病的形成原因及改进措施	1.2.1 茶叶主要内含成分对品质的影响知识
2. 综合评定	2.1 品质判定的审核	2.1.1 能审核二级及以下评茶员对初、精制茶及再加工茶的定级及品质合格率的准确性判定 2.1.2 能纠正二级及以下评茶员对品质综合判定中的误差	2.1.1 审核的基本程序
	2.2 疑难问题的处理	2.2.1 能分析疑难茶样的品质问题，并准确合理地进行判定 2.2.2 能解决制茶工艺中影响品质的技术难题	2.2.1 国内外茶叶加工的新技术知识 2.2.2 不同的制茶工艺对同一品种，以及相同的制茶工艺对不同品种品质影响的研究知识
3. 感官审评与检验技术的研究与创新	3.1 茶叶感官审评方法的研究与设计	3.1.1 能根据实际需要，选择合适的感官分析技术方法 3.1.2 能根据茶叶感官审评的特点，建立符合国家标准要求的茶叶感官审评室	3.1.1 建立感官分析实验室的一般导则标准知识 3.1.2 国内外茶叶感官审评及感官审评方法的知识
	3.2 茶叶感官审评技术的研究与完善	3.2.1 能结合不同茶类的冲泡条件对茶叶品质的影响程度进行深入研究 3.2.2 能运用国内外茶叶审评与检验的新方法、新技术，不断完善现有的各茶类审评方法和技术	3.2.1 国内外审评与检验的新方法、新技术知识 3.2.2 茶叶科学研究的前沿知识
4. 培训指导	4.1 培训	4.1.1 能独立承担二级及以下评茶员的教学培训工作 4.1.2 能编写二级及以下评茶员的培训大纲、计划和教案	4.1.1 教育学知识 4.1.2 教案的编写要求知识
	4.2 指导	4.2.1 能指导二级及以下评茶员以最佳生理状态，准确评定香气、滋味各因子 4.2.2 能指导二级及以下评茶员运用茶叶生物化学知识，分析各茶类不同品质特征的形成原因	4.2.1 食品风味化学相关知识
5. 组织管理	5.1 技术更新	5.1.1 能参与茶叶新产品、新工艺的研究 5.1.2 能提供新技术培训、技术交流、技能竞赛活动等技术支持	5.1.1 茶叶新产品、新工艺研究进展知识 5.1.2 技术培训、技术交流和技能竞赛组织实施知识
	5.2 质量管理	5.2.1 能按照企业的标准化管理体系指导生产、销售企业规范质量体系 5.2.2 能参与企业标准制定，并对有关茶叶产品、茶叶检验方法的国家、行业、地方标准的制定与修订提出意见	5.2.1 企业标准化管理体系知识 5.2.2 产品质量法知识 5.2.3 标准的制定与修订方法知识
	5.3 成本核算	5.3.1 能对原料和加工成本进行核算 5.3.2 能制定茶叶拼配方案及加工技术措施，提高综合效益	5.3.1 茶叶成本核算基础知识 5.3.2 茶叶拼配及加工技术方案制定要求知识

4　权重表

4.1　理论知识权重表

项目		技能等级				
		五级/初级工/%	四级/中级工/%	三级/高级工/%	二级/技师/%	一级/高级技师/%
基本要求	职业道德	5	5	5	5	5
	基础知识	25	20	15	10	5
相关知识要求	样品管理	10	5	5	5	—
	茶叶感官审评准备	15	15	10	—	—
	感官品质评定	30	35	40	35	20
	综合评定	15	20	25	30	30
	感官审评与检验技术的研究与创新	—	—	—	—	15
	培训指导	—	—	—	10	15
	组织管理	—	—	—	5	10
合计		100	100	100	100	100

4.2　技能要求权重表

项目		技能等级				
		五级/初级工/%	四级/中级工/%	三级/高级工/%	二级/技师/%	一级/高级技师/%
技能要求	样品管理	10	10	5	5	—
	茶叶感官审评准备	20	15	15	—	—
	感官品质评定	50	40	40	40	30
	综合评定	20	35	40	35	35
	感官审评与检验技术的研究与创新	—	—	—	—	10
	培训指导	—	—	—	15	15
	组织管理	—	—	—	5	10
合计		100	100	100	100	100

附录二 评茶员操作技能考核考场准备清单

1. 备考场地、审评室准备。
2. 考核场所：审评室80m²以上。
3. 较有代表性的品牌名茶样品共8~16个，每个样品重量为250g。

序号	名称	规格	单位	数量	备注
1	茶叶审评实操培训室	面积80m²以上	间	1	
2	干评操作台：数量为30个实操座位	台高800~900mm，宽600~750mm，长1500mm，黑色亚光	张	30	
3	湿评操作台：数量为30个实操座位	台高750~900mm，宽450~500mm，长1500mm，白色亚光	张	30	
4	音响设备	普通	套	1	
5	煮水用电插座	功率（1kW/个）	个	30	
6	照明通风	配置良好，自然光			
7	茶叶样品陈列柜	宽1000mm×深350mm×高2200mm	个	2~4	
8	审评用具储放柜	宽1000mm×深350mm×高2200mm	个	2~4	
9	洗涤槽	500mm×300mm	个	2~4	
10	初制茶（毛茶）审评杯碗	杯高75mm，容量250mL；碗容量为440mL	杯碗配套	120	纯白色瓷烧制，厚薄、大小一致
11	精制茶（成品茶）茶审评杯碗	杯高66mm，容量150mL；碗容量240mL	杯碗配套	120	
12	乌龙茶审评杯碗	杯呈倒钟形，高52mm，容量110mL；碗容量150mL	个	杯120碗360	
13	评茶盘		个	120	
14	分样盘		个	30	
15	样茶匾		个	30	
16	叶底盘		个	120	
17	天平	按照GB/T 23776—2018《茶叶感官审评方法》中的规格准备	架	30	
18	网匙		个	30	
19	计时器		个	30	
20	吐茶桶		个	30	
21	茶匙		个	120	
22	烧水壶		个	30	

注：本配置为30个工位的实操考评现场。中级技能考评两人一组，高级一人一组。

附录三　国家职业资格鉴定《评茶员》实操试卷 茶叶感官审评表

茶叶感官审评表

姓名：　　　　　准考证号：　　　　　单位名称：

项目		外形		汤色		香气		滋味		叶底		总分
编号	茶类	评语	评分	评语	评分	评语	评分	评语	评分	评语	评分	
1												
2												
3												
4												
5												
6												

考评员签字：

年　　月　　日

参考文献

［1］宛晓春. 茶叶生物化学［M］. 北京：中国农业出版社，2007.

［2］王垚. 茶叶审评与检验［M］. 北京：中国劳动社会保障出版社，2006.

［3］杨亚军. 评茶员培训教材［M］. 北京：金盾出版社，2009.

［4］施兆鹏. 茶叶加工学［M］. 北京：中国农业出版社，1997.

［5］夏涛. 制茶学［M］. 北京：中国农业出版社，2016.

［6］屠幼英. 茶的综合利用［M］. 北京：中国农业出版社，2017.

［7］牟杰. 评茶员（初级/中级/高级）［M］. 北京：中国轻工业出版社，2018.

［8］叶乃兴. 茶学概论［M］. 北京：中国农业出版社，2018.

［9］赵金松. 白酒品评与勾调［M］. 北京：中国轻工业出版社，2019.